오늘은 뭘 먹을까 고민할 필요 없는

초간단 집밥 레시피

365

이미연(오메추) 지음

카시오페아
Cassiopeia

오늘은 뭘 먹을까 고민할 필요 없는

초간단 집밥 레시피 365

초판 1쇄 발행 2024년 11월 26일

지은이 이미연(오메추)
펴낸이 민혜영
펴낸곳 (주)카시오페아
주소 서울특별시 마포구 월드컵로14길 56, 3~5층
전화 02-303-5580 | **팩스** 02-2179-8768
홈페이지 www.cassiopeiabook.com | **전자우편** editor@cassiopeiabook.com
출판등록 2012년 12월 27일 제2014-000277호

ⓒ 이미연(오메추), 2024
ISBN 979-11-6827-242-2 10590

간단하고 맛있는 한 끼, 오늘의 메뉴를 추천합니다!

어릴 적부터 가족과 친구들에게 맛있는 음식을 만들어주는 걸 좋아했습니다. 요식업에서 일하며 여러 음식을 접하고부터는 요리를 더 잘하고 싶다는 생각이 들었고, 저만의 레시피가 생길 때마다 메모장에 적어두곤 했어요. 그렇게 저의 메모장 속에 차곡차곡 쌓인 레시피들을 보며 '내가 할 줄 아는 요리들을 영상으로 만들어서 SNS에 올려보자!' 하고 하루에 하나씩 매일 영상을 올리기 시작했어요.

처음엔 가벼운 마음으로 시작했는데, 감사하게도 우리 곁에 계신 분들뿐만 아니라 집밥이 그리운 해외에 사는 분들까지 많은 분들이 저의 요리를 봐주시기 시작했습니다. 간단하고 맛있다고 칭찬해 주시는 후기 댓글들을 보면서 나도 언젠가는 요리책을 쓰고 싶다는 꿈이 생기기 시작하던 시기에 감사하게도 출판 제의가 들어오게 되었어요.

사실 책으로 레시피를 잘 전달할 수 있을까 고민이 되었는데, 글만 보고는 어려울 수 있는 레시피도 QR코드로 영상을 볼 수 있기에 요리 초보자분들도 이해하기 쉬울 것 같았고, 하루 한 장씩 넘겨 보기 편한 일력의 특성 때문에 용기를 가지고 쓰게 되었습니다.

《초간단 집밥 레시피 365》에는 요리를 처음 시작하는 분들도 쉽게 만들 수 있도록 간단하고 맛있는 레시피들을 썼습니다. 친근한 재료로 만드는 음식들부터 제철 재료를 활용한 음식까지, 밑반찬부터 메인 요리, 한 그릇 요리, 디저트까지 365가지의 레시피를 다양하게 담았습니다. 또 버려지는 재료가 없도록 최대한 중복되는 재료들로 만들 수 있는 레시피들로 구성했어요. 자취생, 신혼부부, 요리가 아직 어렵거나 오늘 뭘 먹어야 할지 매일 고민되는 모든 분들께 간단하고 맛있는 한 끼로 소소한 행복을 느낄 수 있는 매일 매일이 되기를 바랍니다.

로제파스타 1인분 ⏱ 20분

만드는 법

1. 냉동 새우는 찬물에 5분 담가 해동한 뒤 물기를 제거해 주세요.

2. 양파 1/4개는 채 썰고 마늘 4개는 편 썰어주세요.

3. 냄비에 물, 소금을 넣고 파스타면을 80% 정도만 삶아 건져내주세요. (이때 면수는 버리지 마세요.)

4. 프라이팬에 올리브유 2큰술을 두르고 양파, 마늘, 페페론치노를 넣고 볶다가 새우를 넣고 볶아주세요.

5. 토마토소스 1/2컵, 생크림 200ml를 넣고, 파스타면과 면수(한 국자)를 넣어가며 볶은 후, 부족한 간은 치킨스톡으로 맞추면 완성!

재료

파스타면 80g(동전 100원 크기), 토마토소스 1/2컵(100ml), 생크림 1컵(200ml), 양파 1/4개, 통마늘 4개, 냉동 새우 6마리, 페페론치노 3개, 올리브유 2큰술, 치킨스톡 약간

TIP

- 생크림 1컵(200ml) 대신 무염버터 1조각(10g)+우유 1컵(200ml)을 넣어도 좋아요.

요리 영상

이미연(오메추)

누적 1억 뷰 요리 채널 '오늘의 메뉴를 추천합니다(오메추)'를 운영하는 요리 인플루언서. 채널을 개설한 지 1년 남짓밖에 되지 않았지만, 어느덧 8만 명이 넘는 팬들을 보유하고 있다. 누구보다 요리에 '진심'인 저자의 요리 철학은 '레시피는 간단하고 맛있게'이다. 간단하고 맛있으면서도 든든한 한 끼 레시피로 더 많은 사람들이 매일매일 행복해지기를 바라며《초간단 집밥 레시피 365》를 썼다.

oh_mechu   oh_mechu

핫윙 1.5인분 ⏱ 20분

12월
30일

만드는 법

1. 닭날개에 소금, 후추로 살짝 밑간을 해주세요.

2. 소스를 만들어주세요.

3. 밑간한 닭날개에 감자전분 2큰술을 묻혀주세요.

4. 프라이팬에 식용유를 넉넉히 두르고 닭날개를 앞뒤로 노릇노릇하게 튀기듯 8분 간 익힌 뒤 건져주세요.

5. 만들어둔 소스를 프라이팬에 붓고 바글바글 끓기 시작하면 튀긴 닭날개를 넣고 센불로 빠르게 볶아내면 완성!

재료

닭날개 300g, 소금 약간, 후추 약간, 감자전분(또는 튀김가루) 2큰술, 식용유 8큰술

* 소스 재료
진간장 1큰술, 핫소스 3큰술, 설탕 1큰술, 올리고당(또는 물엿) 2큰술, 식초 1큰술, 고춧가루 1/2큰술

TIP

· 달콤하게 먹고 싶다면 11월 21일 허니윙 레시피를 참고해 주세요.

요리 영상

이 책의 구성

음식의 양과 요리 소요 시간을
적었어요.

뚝배기불고기 1.5인분 ⏱ 20분

10월
4일

미리 준비해 주세요

당면은 찬물이나 미지근한 물에 30분 불려주세요.

요리를 시작하기 전에
필요하거나 미리 준비
해야 하는 것을 적었
어요.

만드는 법

1. 고기는 키친타월로 핏물을 제거 후 먹기 좋게 자르고, 양파 1/2개는 채 썰고, 대파
   1/5대는 어슷 썰어주세요.

2. 불고기용 소고기에 양념장을 만들어 넣고 버무려주세요.

3. 뚝배기에 불고기, 양파, 대파, 불린 당면, 느타리버섯, 물을 넣고 끓여주세요.

4. 불고기가 뭉치지 않도록 살살 풀어가며 3~5분 정도 끓이면 완성!

모든 요리 과정을 5단
계 이하의 초간단 레
시피로 구성했어요.

재료

불고기용 소고기 300g, 양파 1/2개, 대파 1/5대, 당면 1/2줌(30g), 느
타리버섯 약간(팽이버섯으로 대체 또는 생략 가능), 물 1.5컵(300ml)

• 양념장 재료
맛술 3큰술, 진간장 5큰술, 국간장(또는 액젓) 1큰술, 설탕 3큰술, 다진
마늘 1/2큰술, 후추 약간

요리에 필요한 재료
를 표기했어요. 양념장
이나 소스에 들어가는
재료는 아래에 따로
썼어요.

TIP

• 여유가 있다면 3번 과정 후 30분 정도 재웠다가 만들어도 좋
  아요.
• 당면을 많이 넣으면 국물을 모두 흡수하니, 적당히 넣어주세요.
• 심거우면 부족한 간은 소금으로 맞춰요.

저자만의 요리 노하우,
요리할 때 주의해야 할
사항 등을 담았어요.

요리 영상

스마트폰으로 QR코드
를 스캔하여 요리하는
과정을 확인할 수 있
어요. 레시피와 영상은
약간 다를 수 있어요.

리스샐러드 1인분 ⏱ 10분

만드는 법

1. 샐러드채소와 방울토마토는 세척 후 물기를 빼주세요.

2. 올리브유 2큰술, 발사믹식초 3큰술, 소금, 후추를 넣고 드레싱을 만들어주세요.

3. 접시에 샐러드채소를 리스 모양으로 담아주세요.

4. 샐러드채소 위에 토마토, 치즈를 올린 후 드레싱을 뿌려주면 완성!

재료

샐러드채소 2줌, 방울토마토 8개, 치즈(크림치즈, 리코타치즈, 보코치니
치즈 등), 올리브유 2큰술, 발사믹식초 3큰술, 소금 약간, 후추 약간

요리 영상

재료 써는 법

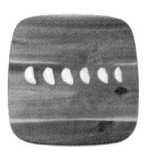

편썰기
재료 모양 그대로 얇게 저미듯 써는 방법이에요.

채썰기
편썰기한 재료를 비스듬히 포개어 가늘게 써는 방법이에요.

깍둑썰기
무, 감자, 두부 등을 주사위처럼 써는 방법이에요.

나박썰기
재료를 정사각형 또는 직사각형으로 얄팍하게 써는 방법이에요.

송송썰기
고추나 대파를 둥근 단면을 살려 일정하게 써는 방법이에요.

어슷썰기
오이, 파, 고추 등 가늘고 길쭉한 재료를 사선으로 비스듬히 써는 방법이에요.

반달썰기
오이, 당근, 애호박 등 원통형 재료를 반으로 가른 후 반달 모양으로 써는 방법이에요.

다져썰기
가늘게 채 썬 후 가지런히 모아 잘게 써는 방법이에요.

전자레인지감자칩 1인분 ⏱10분

만드는 법

1. 감자 1개는 깨끗이 씻은 뒤 껍질을 벗기고 채칼이나 필러로 얇게 썰어주세요.
2. 찬물에 두세 번 헹궈 전분기를 제거한 뒤 키친타월로 물기를 제거해 주세요.
3. 전자레인지용 접시에 종이 포일을 깔고 감자를 올리고 소금, 후추 간을 해주세요.
4. 전자레인지에 3분간 돌리면 완성!

TIP

· 감자 두께에 따라 전자레인지 시간을 조절해 주세요.
· 감자가 두꺼울 경우 마지막에 뒤집어서 전자레인지에 한 번 더 돌려주세요.

요리 영상

재료

감자 1개, 소금 약간, 후추 약간

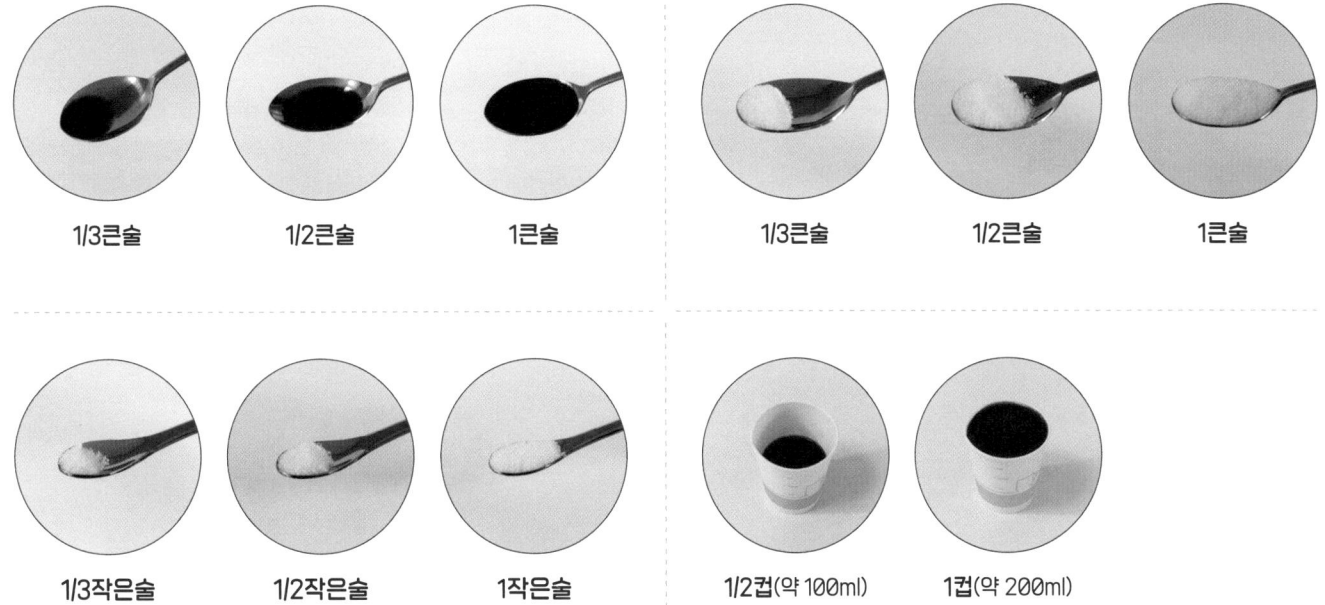

1/3큰술   1/2큰술   1큰술

1/3큰술   1/2큰술   1큰술

1/3작은술   1/2작은술   1작은술

1/2컵(약 100ml)   1컵(약 200ml)

고추장감자조림 2인분 ⏱ 20분

12월
27일

만드는 법

1. 멸치는 내장과 머리를 제거하고 전자레인지에 30초간 돌려 비린내를 날려주세요.

2. 감자는 필러로 껍질을 벗기고 큼직하게 썰어주세요.

3. 냄비에 식용유를 두르고 감자를 볶다가 물 400ml, 고추장 1큰술, 진간장 1큰술, 참치액 1큰술, 고춧가루 1큰술, 다진 마늘 1/2큰술을 넣고 끓여주세요.

4. 끓기 시작하면 멸치를 넣고 감자가 다 익을 때까지 조려주세요.

5. 마지막에 물엿 1큰술을 넣고 깨를 뿌리면 완성!

재료

감자 3개, 멸치 1줌, 식용유 1큰술, 물 2컵(400ml), 고추장 1큰술, 진간장 1큰술, 참치액 1큰술, 고춧가루 1큰술, 다진 마늘 1/2큰술, 물엿(또는 올리고당) 1큰술, 깨 1큰술

요리 영상

1월

1월의 제철 재료

봄동

단맛이 강하고 아삭한 봄동은 겨울철 노지에 파종하여 봄에 수확하는 배추로 가장 먼저 봄을 알리는 채소입니다. 노화 방지 및 암 예방에 효과적이고 칼륨, 칼슘, 인 등 무기질이 풍부해 빈혈을 예방하고 면역력을 높이는 데 좋아요. 떡잎이 적고 속잎이 노란색을 띠는 것이 맛있어요. 겉절이, 무침, 국, 전 등으로 요리해 먹어요.

우엉

아삭아삭 씹는 맛이 매력적인 뿌리채소인 우엉은 이눌린이 풍부해 신장 기능을 높여주고 식이섬유가 풍부해 다이어트에도 좋아요. 뿌리를 만졌을 때 촉촉한 수분이 느껴지는 것, 껍질은 상처가 없고 밝은 갈색을 띠는 것을 골라야 해요. 우엉은 조림으로 많이 먹지만 튀김, 샐러드, 차로 먹기도 해요.

감바스 1.5인분 ⏱ 20분

12월
26일

만드는 법

1. 새우는 옅은 소금물에 5분간 해동 후 물기를 제거해 주세요.

2. 마늘과 양송이버섯은 편 썰어주세요.

3. 프라이팬에 올리브유 130ml를 붓고 마늘을 먼저 익히다가 페페론치노를 넣고 볶아주세요.

4. 마늘이 노릇하게 익기 시작하면 새우를 넣고 익혀주세요.

5. 새우가 다 익으면 소금, 후추로 간해 주면 완성!

재료

냉동 새우 12~14마리, 통마늘 12개, 양송이버섯 2개, 페페론치노 3개, 올리브유 2/3컵(약 130ml), 소금 1작은술, 후추 약간

TIP

· 바게트나 식빵을 구워서 감바스에 찍어 먹으면 맛있어요.

· 브로콜리나 방울토마토를 추가해도 맛있어요.

요리 영상

소고기떡국

1인분 ⏱ 25분

1월 1일

만드는 법

1. 떡국 떡은 찬물에 넣고 (냄비에 넣기 전까지) 불려둡니다.

2. 대파는 송송 썰고, 달걀 1개는 흰자와 노른자를 분리해 소금을 약간 넣고 잘 섞어준 뒤 약불로 지단을 부쳐서 채 썰어주세요.

3. 소고기는 끓는 물에 30초간 데친 후 건져내고, 다시 냄비에 소고기, 물 300ml, 국간장 1/2큰술을 넣고, 끓기 시작하면 중약불로 줄여 15분간 끓여주세요.

4. 물 300ml를 추가하고 떡국 떡, 다진 마늘 1/2큰술, 참치액 1/2큰술, 소금 1/2작은술을 넣고 간을 맞춰주세요.

5. 떡이 다 익으면 후추를 넣고 불을 끈 뒤 그릇에 담아 고명을 올리면 완성!

재료

떡국 떡 150g, 소고기 100g, 다진 마늘 1/2큰술, 물 3컵(600ml), 국간장 1/2큰술, 참치액(또는 멸치액젓) 1/2큰술, 소금 1/2작은술, 후추 약간, 달걀 1개, 대파 아주 약간

TIP

· 달걀지단 대신 달걀물을 풀어서 끓여도 좋아요.

· 고명은 김 가루, 달걀지단, 대파 등 취향껏 준비해 주세요.

· 2인분 레시피는 영상을 참고해 주세요.

요리 영상

에그인헬 1인분 ⏱10분

12월
25일

만드는 법

1. 양파 1/2개는 다져주세요.

2. 전자레인지 용기에 토마토소스 6큰술, 우유 3큰술을 넣고 잘 섞어주세요.

3. 양파, 달걀을 올리고 노른자는 포크로 살짝 터트려주세요.

4. 체더치즈 1장을 올리고 전자레인지에 5분간 익혀주세요.

5. 후추, 파슬리를 뿌리면 완성!

재료

달걀 3개, 양파 1/2개, 토마토소스 6큰술, 우유(또는 물) 3큰술, 체더치
즈 1장, 모짜렐라치즈 1줌, 후추 약간, 파슬리(생략 가능)

요리 영상

봄동비빔밥 1인분 ⓒ 5분

만드는 법

1. 양념장을 만들어주세요.
2. 봄동은 깨끗이 씻어 먹기 좋게 자르고, 양념장을 넣고 버무린 후 깨를 뿌려주세요.
3. 달걀프라이 1개를 만들어주세요.
4. 밥 위에 봄동겉절이, 달걀프라이, 참기름 1큰술을 두르면 완성!

재료

봄동 1/2포기(100g), 깨 약간, 밥 1공기, 달걀 1개, 참기름 1큰술

* 양념장 재료
고춧가루 1큰술, 물 1큰술, 다진 마늘 1/3큰술, 참치액(또는 면치액젓)
1큰술

TIP

- 멸치액젓 사용 시 설탕 1/2작은술을 추가해 주세요.
- 고추장 없이 비벼 먹는 것이라 살짝 짭짤하게 간해 주세요.

요리 영상

찹스테이크 1인분 ⏱ 15분

12월
24일

요리 영상

만드는 법

1. 소고기는 큼지막한 한입 크기로 썰고, 양파 1/2개와 파프리카 1/2개도 비슷한 크기로 썰어주세요.
2. 소고기에 소금, 후추로 살짝 밑간을 해주세요.
3. 프라이팬에 버터 1조각을 넣고 올리브유 1큰술을 두른 후 소고기를 먼저 익혀주세요.
4. 소고기의 겉면이 익기 시작하면 양파, 파프리카를 넣고 볶아주세요.
5. 스테이크소스 3큰술, 케첩 1큰술을 넣고 볶아주면 완성!

재료

소고기 등심 200g(또는 채끝등심 또는 안심), 양파 1/2개, 파프리카 1/2개, 무염버터 1조각(10g), 올리브유 1큰술, 스테이크소스(또는 돈가스소스) 3큰술, 케첩 1큰술, 소금 약간, 후추 약간

봄동된장국 2인분 ⏱ 15분

1월
3일

만드는 법

1. 무 1토막은 나박 썰고, 대파 1/4대와 청양고추 1개는 송송 썰어서 준비해 주세요.

2. 봄동은 깨끗이 씻은 후 끓는 물에 1~2분간 데쳐주세요.

3. 데친 봄동을 찬물로 헹구고 물기를 짠 뒤 적당한 크기로 잘라주세요.

4. 냄비에 물(또는 쌀뜨물) 1.2L, 무, 된장 3큰술을 넣고 5분 정도 끓이다가, 봄동, 다진 마늘 1큰술, 고춧가루 1큰술을 넣고 끓여주세요.

5. 부족한 간은 액젓으로 맞추고, 대파와 청양고추를 넣어 한소끔 끓이면 완성!

재료

봄동 1포기(200g), 무 1토막(100g), 물(또는 쌀뜨물) 6컵(1.2L), 된장 듬뿍 3큰술, 다진 마늘 1큰술, 고춧가루 1큰술(생략 가능), 참치액(또는 멸치액젓) 1큰술, 대파 1/4대, 청양고추 1개(생략 가능)

TIP

• 동전 육수 등 간이 되어있는 육수를 사용할 때는 된장과 액젓 양을 조절해 주세요.

요리 영상

오이젓갈두부삼합 1인분 ⏱10분

만드는 법

1. 두부는 한입 크기로 썰고, 오이는 1cm 두께로 썰어주세요.
2. 접시에 두부를 담고 위에 깨 1큰술, 참기름 1큰술을 뿌려주세요.
3. 양념젓갈과 오이를 옆에 함께 플레이팅하면 완성!

재료

오이 1/2개, 두부 1/2모, 양념젓갈(청어알젓, 낙지젓, 오징어젓갈 등), 깨 1큰술, 참기름 1큰술

TIP

· 두부, 오이, 젓갈을 한입에 넣고 먹어요.
· 깨를 갈아서 뿌리면 더 고소해요.

요리 영상

스팸당면볶음 2인분 ⏱ 15분

1월
4일

미리 준비해 주세요

마른 당면은 찬물에 30분 이상 불린 후(또는 마른 당면을 5분 정도 삶아도 괜찮아요), 먹기 좋게 잘라서 준비해 주세요.

만드는 법

1. 양파와 스팸은 비슷한 크기로 채 썰고, 청양고추와 홍고추는 길게 어슷 썰고, 달걀 2개는 풀어서 준비해 주세요.

2. 프라이팬에 식용유를 두르고 스팸을 볶다가, 채 썬 채소들과 다진 마늘 1/2큰술을 넣고 양파가 살짝 투명해질 때까지 볶아주세요.

3. 볶은 재료는 한쪽으로 밀고, 달걀물을 부어 스크램블을 만든 후 함께 살짝 볶아주세요.

4. 프라이팬 가장자리에 진간장 2큰술을 넣고 간장 향이 나기 시작하면 재료와 잘 섞어준 뒤, 불린 당면, 굴소스 2큰술, 설탕 1작은술을 넣어 간을 맞춘 후 당면이 부드러워질 때까지 볶아주세요.

5. 불을 끄고 후추 약간, 참기름 1/2큰술, 깨를 넣고 잔열에 가볍게 섞으면 완성!

요리 영상

재료

(불리기 전) 당면 150g, 스팸 100g, 양파 1/2개, 청양고추 2~4개, 홍고추 1개(생략 가능), 달걀 2개, 식용유 2큰술, 다진 마늘 1/2큰술, 진간장 2큰술, 굴소스 2큰술, 설탕 1작은술(생략 가능), 후추 약간, 참기름 1/2큰술, 깨

미역된장국 2인분 ⏱ 25분

12월
22일

미리 준비해 주세요

미역은 찬물에 10분간 불린 뒤 바락바락 씻고 물기를 짜주세요.

만드는 법

1. 두부는 깍둑 썰어주세요.

2. 냄비에 물 800ml, 된장 2큰술, 동전 육수 1개를 넣고 끓이다가 미역, 다진 마늘 1/2큰술을 넣고 10분간 끓여주세요.

3. 두부를 넣고 한소끔 더 끓이면 완성!

재료

자른 미역 5g, 두부 1/2모, 물 4컵(800ml), 된장 2큰술, 동전 육수 1개, 다진 마늘 1/2큰술

요리 영상

소고기미역국 2.5인분 ⏱ 30분

미리 준비해 주세요

미역은 찬물에 담가 10분 정도 불려주세요.

만드는 법

1. 불린 미역은 흐르는 물에 여러 번 바락바락 씻고 물기를 짜서 준비해 주세요.

2. 소고기는 키친타월로 닦아 핏물을 제거해 주세요.

3. 냄비에 참기름 1큰술, 소고기, 불린 미역, 국간장 1큰술, 물 100ml를 넣고 약불로 5분간 볶다가, 물 500ml를 넣고 중불로 10분간 끓여주세요.

4. 10분 뒤 물 700ml를 넣고 다진 마늘 1큰술, 멸치액젓 1큰술, 참치액 1큰술을 넣고 중약불로 15분 이상 뭉근하게 끓여주세요.

5. 국물 양을 원하는 만큼 맞추고 부족한 간은 소금으로 하면 완성!

재료

자른 미역 15g, 소고기 200g, 참기름(또는 들기름) 1큰술, 국간장 1큰술, 다진 마늘 1큰술, 멸치액젓 1큰술, 참치액 1큰술, (간이 부족할 경우) 소금 약간, 물 6.5컵(1.3L)

요리 영상

피망베이컨볶음 1인분 ⊘10분

만드는 법

1. 피망 2개는 채 썰고 베이컨 3줄은 1cm 길이로 썰어주세요.

2. 프라이팬에 베이컨과 피망을 볶아주세요.

3. 마요네즈 1큰술, 진간장 2/3큰술을 넣고 살짝 볶아주세요.

4. 후추를 뿌리면 완성!

재료

피망 2개, 베이컨 3줄, 마요네즈 1큰술, 진간장 2/3큰술, 후추 약간

요리 영상

봄동전 1인분 ⏱10분

만드는 법

1. 초간장을 만들어주세요.

2. 봄동을 깨끗이 씻어서 준비해 주세요.

3. 홍고추 1개를 송송 썰어주세요.

4. 부침가루와 물을 1:1 비율로 넣고, 참치액(또는 다시다) 1작은술을 넣은 후 잘 섞어서 반죽해 주세요.

5. 4에 봄동을 넣고 반죽을 골고루 묻혀, 식용유를 두른 프라이팬에 한 장씩 올리고 홍고추를 올려 장식한 뒤 노릇노릇하게 구워내면 완성!

재료

봄동 10장, 부침가루 1/2컵, 물 1/2컵(100ml), 식용유 4큰술, 참치액(또는 다시다) 1작은술, 홍고추 1개(생략 가능)

* 초간장 재료

진간장(또는 양조간장) 1큰술, 식초 1큰술, 물 1큰술

TIP

- 반죽이 덜 묻은 부분이 있다면 수저로 반죽을 조금 떠서 발라가며 구워주세요.

요리 영상

나폴리탄파스타 1인분 ⏱ 20분

만드는 법

1. 양파, 피망은 채 썰고 베이컨은 1cm 크기로 썰어주세요.

2. 냄비에 물, 소금 1/2큰술을 넣고 파스타면을 삶은 뒤 건져내주세요.

3. 식용유를 살짝 두르고 베이컨을 볶다가 노릇해지면 양파를 넣고 볶아주세요.

4. 양파가 투명하게 익으면 케첩, 버터를 넣고 신맛이 날아가도록 볶아주세요.

5. 피망을 넣고 살짝 볶다가 면을 넣고 볶으면 완성!

재료

파스타면 80g(동전 100원 크기), 양파 1/4개, 피망 1개, 베이컨 3줄(또는 소시지), 식용유 1큰술, 무염버터 1조각(10g), 케첩 4~5큰술, 소금 1/2큰술

TIP

· 파마산치즈 가루나 핫소스를 뿌려 먹으면 더 맛있어요.

· 베이컨 대신 소시지를 넣을 경우, 먹고 싶은 만큼 넣어주세요.

요리 영상

치즈갈릭토스트 1인분 ⏱10분

만드는 법

1. 마늘 소스를 만들어주세요.
2. 식빵 위에 마늘 소스를 바르고 치즈 2장을 올려주세요.
3. 그 위에 식빵을 덮고 마늘 소스를 한 번 더 바른 후 에어프라이어에 180도로 7~8분 정도 돌려주면 완성!

재료

식빵 2장, 체더치즈 2장(또는 피자치즈 듬뿍)

* 마늘 소스 재료
마요네즈 3큰술, 설탕 2큰술, 다진 마늘 1큰술, 파슬리 가루 1/3큰술
(생략 가능)

TIP

· 에어프라이어 제품마다 시간은 다를 수 있어요.
· 에어프라이어가 없다면 프라이팬에 약불로 노릇노릇하게 구워 주세요.

요리 영상

홍합크림스튜 1.5인분 ⏱ 25분

미리 준비해 주세요

홍합은 족사를 제거하고 깨끗이 씻어주세요.

만드는 법

1. 양파 1/2개를 채 썰어주세요.

2. 냄비에 버터, 양파, 마늘을 넣고 볶다가 갈색빛이 나기 시작하면 홍합을 넣고 화이트와인 1.5큰술을 넣어주세요.

3. 물 200ml, 생크림 200ml, 치킨스톡 1큰술을 넣고 홍합이 입을 벌릴 때까지 끓여주세요.

4. 후추, 파슬리를 뿌리면 완성!

재료

홍합 300g, 무염버터 2조각(20g), 통마늘 5개(또는 다진 마늘 1/2큰술), 물 1컵(200ml), 생크림 1컵(200ml), 양파 1/2개, 치킨스톡 1큰술(또는 소금 약간), 후추 약간, 화이트와인(또는 맛술) 1.5큰술, 파슬리 약간

TIP

· 간은 치킨스톡이나 소금으로 맞춰요.

요리 영상

바싹대패삼겹덮밥 1인분 ⏱ 15분

만드는 법

1. 양파 1/4개는 채 썰어서 준비해 주세요.

2. 프라이팬에 대패삼겹살, 설탕 1/3큰술을 넣고 볶아주세요.

3. 어느 정도 익으면 불을 끄고, 고추장 1/2큰술, 진간장 1큰술, 맛술 1큰술, 고춧가루 1큰술을 넣고 다시 불을 켜고 살짝 볶아주세요. (이때 기름이 너무 많다면 살짝만 닦아내고 양념을 넣어요. 다 닦아내면 고춧가루 양념이 타요.)

4. 채 썬 양파, 다진 마늘 1/2큰술을 넣고 바싹 볶아주세요.

5. 밥 위에 대패삼겹살을 올리고 달걀노른자를 올리면 완성!

재료

대패삼겹살 150g, 양파 큰 것 1/4개, 설탕 1/3큰술, 고추장 1/2큰술, 진간장 1큰술, 맛술 1큰술, 고춧가루 1큰술, 밥 1공기, 다진 마늘 1/2큰술, 달걀노른자 1개(생략 가능)

요리 영상

가지그라탕 <small>1인분 ⏱ 15분</small>

만드는 법

1. 가지 1개는 2cm 두께로 썰고, 양파 1/4개는 채 썰어주세요.

2. 마른 프라이팬에 가지를 앞뒤로 노릇하게 구워주세요.

3. 내열 용기에 가지를 올리고 채 썬 양파, 토마토소스, 모짜렐라치즈 순으로 얹어주세요.

4. 전자레인지에 3분 동안 치즈가 녹을 때까지 돌리면 완성!

재료

가지 1개, 양파 1/4개, 토마토소스(파스타소스) 4큰술, 모짜렐라치즈 1줌

요리 영상

김치콩나물국 2.5인분 ⓘ 15분

만드는 법

1. 콩나물은 깨끗하게 씻어서 준비하고, 대파 1/4대는 송송 썰고, 신김치는 먹기 좋게 썰어주세요.

2. 물 1.5L에 동전 육수 2개, 먹기 좋게 썬 김치와 김칫국물 1/2컵을 넣고 중불로 10분 정도 끓여줍니다.

3. 멸치액젓 2큰술을 넣고 콩나물, 다진 마늘 1/2큰술, 고춧가루 2큰술을 넣고 끓여 주세요.

4. 콩나물이 다 익었을 때 대파를 넣고 한소끔만 끓여주면 완성!

재료

콩나물 1봉(200g), 신김치 200g, 김칫국물 1/2컵(100ml), 물 7.5컵 (1.5L), 동전 육수 2개(다시팩 또는 멸치육수로 대체 가능), 멸치액젓 2큰 술(새우젓 또는 국간장으로 대체 가능), 다진 마늘 1/2큰술, 고춧가루 2 큰술, 대파 1/4대

TIP

- 김치마다 염도가 다르니 간은 먹어보고 조절해 주세요.
- 두부를 넣어도 맛있습니다.

요리 영상

김치우동 1인분 ⏱ 15분

만드는 법

1. 김치와 어묵은 먹기 좋게 자르고, 대파는 송송 썰어주세요.

2. 물에 동전 육수 2개, 신김치, 김칫국물 5큰술, 쯔유 2큰술, 고춧가루 1큰술, 다진 마늘 1/3큰술을 넣고 5분간 끓여주세요.

3. 어묵을 넣고 3분 더 끓여주세요.

4. 우동면, 대파를 넣고 1~2분간 더 끓인 뒤 불을 끄고 후추를 뿌리면 완성!

재료

우동면 1개, 신김치 1/2컵, 김칫국물 5큰술, 물 3컵(600ml), 동전 육수 2개, 어묵 1장(생략 가능), 쯔유 2큰술(또는 참치액 1큰술), 고춧가루 1큰술, 다진 마늘 1/3큰술, 대파 1/5대, 후추 약간

TIP

• 쯔유와 참치액이 모두 없다면 생생우동에 신김치, 김칫국물을 넣어 끓여주세요.

요리 영상

달걀말이

1.5인분 ⏱15분

1월 10일

만드는 법

1. 양파 1/4개와 대파 1/3대는 잘게 다져서 준비해 주세요.
2. 달걀 5개는 잘 풀어주고 다진 채소와 참치액 1/2큰술, 소금을 넣고 간해 주세요.
3. 프라이팬에 식용유를 두르고 약불로 달걀물을 여러 번 나눠 부어가며 말아주면 완성!

재료

달걀 5개, 양파 1/4개, 대파 1/3대, 참치액 1/2큰술, 소금 약간, 식용유 3큰술

TIP

- 한 김 식힌 후 잘라야 예쁘게 잘려요.
- 당근, 애호박 등 냉장고에 있는 자투리 채소를 사용해도 좋아요.
- 참치액이 없다면 소금을 조금 더 넣어주세요.

요리 영상

가지덮밥 1인분 ⏱15분

만드는 법

1. 대파 1/5대는 송송 썰고, 양파 1/4개는 채 썰고, 가지 1개는 반 갈라 어슷 썰어주세요.
2. 프라이팬에 식용유를 두르고 달걀프라이를 하나 만든 뒤 빼주세요.
3. 대파, 양파, 가지를 넣고 볶다가 살짝 숨이 죽으면 진간장 1큰술, 굴소스 1/3큰술, 다진 마늘 1/3큰술을 넣고 볶아주세요.
4. 밥 위에 가지볶음, 달걀프라이를 올리면 완성!

재료

밥 1공기(200g), 달걀 1개, 가지 1개, 양파 1/4개, 대파 1/5대, 식용유 2큰술, 진간장 1큰술, 굴소스 1/3큰술(또는 참치액 1/2큰술), 다진 마늘 1/3큰술

요리 영상

멸치볶음 2,5인분 ⏱ 10분

만드는 법

1. 청양고추는 어슷 썰고, 멸치는 마른 프라이팬에 중불로 볶거나 전자레인지에 1분 간 돌린 뒤, 체에 걸러 잔 가루를 털어냅니다.

2. 프라이팬에 식용유 3큰술, 다진 마늘 1큰술, 청양고추를 넣고 약불로 볶다가, 멸치 를 넣고 중불로 올려 1분 정도 볶아주세요.

3. 불을 끄고 진간장 1큰술, 맛술 2큰술, 설탕 1큰술을 넣고 버무린 후 다시 불을 켜고 살짝 볶아줍니다.

4. 불을 끄고 올리고당 2~3큰술을 넣고 버무린 후 깨를 뿌리면 완성!

재료

볶음용 멸치 150g, 청양고추 1개(생략 가능), 식용유 3큰술, 진간장(또 는 양조간장) 1큰술, 맛술 2큰술, 설탕 1큰술, 올리고당 2~3큰술, 깨 1/2큰술

TIP

· 마른 프라이팬에 멸치를 볶은 후 먹어봤을 때, 멸치 자체의 짠 맛이 강한 경우에는 간장을 줄이거나 생략해 주세요.

· 올리고당 대신 물엿이나 조청으로 대체 가능하며, 입맛에 맞게 조절해 주세요.

요리 영상

홍합탕 1.5인분 ⏱ 10분

미리 준비해 주세요

홍합은 족사를 제거하고 깨끗이 씻어주세요.

만드는 법

1. 청양고추, 홍고추, 대파는 송송 썰어주세요.
2. 냄비에 물, 홍합, 다진 마늘 1/2큰술을 넣고 끓여주세요.
3. 홍합이 입을 벌리면 소금 1작은술을 넣어 부족한 간을 맞춰주세요.
4. 대파, 청양고추, 홍고추 넣고 한소끔 더 끓이면 완성!

재료

홍합 300g, 물 2컵(400㎖), 청양고추 1/2개, 홍고추 1/2개(생략 가능), 대파 1/5대, 다진 마늘 1/2큰술, 소금 1작은술

TIP

· 얼큰함은 청양고추로 조절해 주세요.
· 통마늘을 편 썰어 넣으면 국물이 더 깔끔해요.

요리 영상

두부버섯된장국 2인분 ⓣ10분

만드는 법

1. 표고버섯 3개는 밑동을 제거해 편으로 썰고, 두부 1/3모는 깍둑 썰고, 대파 1/4대와 청양고추 1개는 송송 썰어주세요.

2. 냄비에 물 800ml, 동전 육수 1개, 된장 2큰술을 풀어주세요.

3. 표고버섯, 다진 마늘 1/3큰술, 두부, 대파를 넣고 한소끔만 끓이면 완성!

TIP

- 버섯은 꼭 표고버섯이 아니어도 되니, 좋아하는 버섯으로 넣어주세요.
- 표고버섯의 밑동은 냉동실에 보관해두고 육수용으로 사용해도 좋아요.
- 동전 육수 대신 참치액을 살짝 넣어도 좋아요.
- 집된장은 염도에 따라 가감해 주세요.

요리 영상

재료

표고버섯 3개, 두부 1/3모, 대파 1/4대, 청양고추 1개(생략 가능), 물 4컵 (800ml), 동전 육수 1개(생략 가능), 된장 2큰술, 다진 마늘 1/3큰술

딸기잼치즈토스트 1인분 ⏱ 5분

12월
14일

만드는 법

1. 프라이팬에 버터를 올리고 식빵을 노릇하게 구워주세요.

2. 식빵에 딸기잼을 바르고 체더치즈를 올린 후 다시 식빵으로 덮어주면 완성!

재료

식빵 2장, 체더치즈 1장, 딸기잼 1큰술, 무염버터 2조각(20g)

TIP

· 딸기잼 레시피는 12월 7일을 참고해 주세요.

· 슬라이스햄, 달걀부침 등을 추가해도 맛있어요.

요리 영상

전자레인지콩나물밥 1인분 ⏱10분

만드는 법

1. 밥 1공기 위에 씻은 콩나물 150g을 올리고 랩을 씌운 뒤 구멍을 내 전자레인지에 5분간 돌려주세요.

2. 그동안 양념장을 만들어주세요.

3. 달걀프라이 1개를 만들어주세요.

4. 1에 달걀프라이와 양념장까지 올려주면 완성!

재료

밥 1공기, 콩나물 150g, 달걀 1개(생략 가능)

*** 양념장 재료**

대파 1/2대, 다진 마늘 1/2큰술, 국간장 1큰술, 양조간장(또는 진간장)
3큰술, 물 1큰술, 고춧가루 1큰술, 참기름 1큰술, 깨 1큰술

TIP

· 대파는 쪽파, 부추, 청양고추, 달래 등으로 대체해도 좋아요.

요리 영상

깐풍두부 1인분 ⏱ 20분

만드는 법

1. 두부는 깍둑 썰고, 청양고추, 홍고추, 대파는 다져주세요.

2. 소스를 만들어주세요.

3. 두부에 감자전분을 골고루 묻혀주세요.

4. 프라이팬에 식용유를 넉넉히 두르고 두부를 노릇노릇하게 구운 뒤 빼주세요.

5. 대파, 다진 마늘, 청양고추, 홍고추를 넣고 볶다가 만들어둔 소스를 붓고 조린 후 두부를 넣고 빠르게 볶아주면 완성!

재료

두부 1/2모(150g), 감자전분 2큰술, 청양고추 1개, 홍고추 1개(생략 가능), 대파 1/5대, 식용유 4~5큰술, 다진 마늘 1/3큰술

* 소스 재료

진간장 1큰술, 설탕 2/3큰술, 식초 1.5큰술, 굴소스 1/2큰술, 물 1.5큰술

요리 영상

만두피호떡 1인분 ⏱ 10분

만드는 법

1. 견과류는 잘게 다져서 준비합니다.
2. 다진 견과류에 흑설탕 2큰술과 계핏가루 1작은술을 넣고 잘 섞어주세요.
3. 만두피 위에 호떡 소를 올리고 가장자리에 물을 발라준 뒤, 만두피를 덮고 가장자리를 꼼꼼히 붙여주세요.
4. 식용유를 두른 프라이팬에 약불로 노릇노릇하게 구워주면 완성!

TIP

- 흑설탕(또는 황설탕)이 없으면 꿀을 넣어주세요.
- 견과류(또는 씨앗)가 없으면 깨만 넣어도 맛있어요. 이때는 설탕을 추천해요.
- 설탕에 올리고당이나 꿀을 살짝 섞어주면 설탕이 더 잘 녹아요.

요리 영상

재료

만두피 6장, 흑설탕(또는 황설탕) 2큰술, 견과류 1줌, 계핏가루 1작은술(생략 가능), 식용유 4큰술

바지락죽 1인분 ⏱ 20분

12월
12일

만드는 법

1. 당근 1/6개, 양파 1/4개, 대파 1/5대는 잘게 다져주세요.
2. 바지락은 옅은 소금물에 3~5분 담가 해동해 주세요.
3. 냄비에 참기름 1큰술을 두르고 당근, 양파, 대파, 바지락을 넣고 볶아주세요.
4. 바지락이 다 익으면 물 600㎖, 밥 1공기, 참치액 1큰술을 넣고 저어가며 끓여주세요.
5. 마지막에 참기름 1큰술, 깨를 뿌리면 완성!

TIP

· 바지락살은 냉동, 생바지락살 둘 다 상관없어요. 냉동일 경우 옅은 소금물에 5분 정도 담가 해동, 생바지락살의 경우 소금물에 살살 흔들어가며 세척 후 사용해요.
· 입맛에 따라 싱거울 경우 소금으로 간을 맞춰주세요.

요리 영상

재료

밥 1공기(200g), 바지락살 100g, 당근 1/6개, 양파 1/4개, 대파 1/5대,
참기름 2큰술, 참치액 1큰술, 물 3컵(600㎖), 깨 약간

우삼겹두부짜글이 2인분 ⓒ 25분

1월 15일

1. 양념장을 만들어주세요.
2. 두부 1모는 먹기 좋은 크기로 썰고, 양파 1/2개는 채 썰고, 대파 1대와 청양고추 1개 는 송송 썰어주세요.
3. 프라이팬에 우삼겹을 볶다가 다 익으면 빼두고 프라이팬의 기름을 닦아내요.
4. 프라이팬에 두부, 양파, 대파, 우삼겹, 청양고추, 양념장, 물 400ml를 넣고 국물이 자작해질 때까지(대략 15분) 졸여주면 완성!

재료

두부 큰 것 1모(500~550g), 우삼겹 200g, 양파 1/2개, 대파 1대, 청양 고추 1개, 물 2컵(400ml)

* 양념장 재료

고춧가루 3큰술, 설탕 1/2큰술, 맛술 1큰술, 진간장 3큰술, 참치액(또 는 멸치액젓) 2큰술, 고추장 1큰술, 후추 약간, 다진 마늘 1큰술

TIP

• 다시다를 넣을 경우 참치액은 조금만 넣어주세요.

요리 영상

두부유부초밥 1인분 ⏱10분

만드는 법

1. 두부는 전자레인지에 3분 동안 돌린 뒤 수분을 제거해 주세요.

2. 두부를 으깬 뒤 시판 유부초밥에 들어있는 소스와 플레이크를 넣고 잘 섞어주세요.

3. 유부에 두부를 채워주면 완성!

재료

두부 1/2모(150g), 시판 유부초밥 1인분

애호박덮밥 1인분 ⏱ 10분

1월
16일

만드는 법

1. 대파 1/4대는 송송 썰고, 애호박 2/3개와 양파 1/4개는 채 썰어주세요.

2. 프라이팬에 식용유를 두른 후 대파를 넣고 볶아주세요.

3. 파 향이 나기 시작하면 채 썬 애호박, 채 썬 양파, 다진 마늘 1/3큰술을 넣고 살짝 볶아주세요.

4. 고추장 1/2큰술, 진간장 1큰술, 고춧가루 1큰술, 설탕 1작은술, 참치액 1/3큰술, 물 1큰술을 넣고 볶아주세요.

5. 밥 위에 애호박볶음, 달걀프라이를 올리고 참기름, 깨를 뿌려주면 완성!

재료

애호박 2/3개, 양파 큰 것 1/4개, 대파 1/4대, 식용유 2큰술, 다진 마늘 1/3큰술, 고추장 1/2큰술, 진간장 1큰술, 고춧가루 1큰술, 설탕 1작은술 (또는 올리고당 1/2큰술), 참치액 1/3큰술(또는 다시다 약간), 물 1큰술, 참기름 1/2큰술, 밥 1공기, 깨 약간

TIP

· 애호박볶음은 덮밥 대신 반찬으로 먹어도 좋아요.

요리 영상

스팸양파볶음 1인분 ⏱10분

12월
10일

요리 영상

만드는 법

1. 스팸 1/2캔과 양파 1/2개는 비슷한 두께로 채 썰어주세요.

2. 프라이팬에 식용유를 두르고 스팸을 볶다가 노릇해지기 시작하면 양파, 다진 마늘 1/3큰술을 넣고 볶아주세요.

3. 양파가 반쯤 익으면 고춧가루 1/2큰술, 진간장 1/2큰술을 넣고 약불로 타지 않게 볶아주세요.

4. 고춧가루가 겉돌지 않도록 물을 넣고 살짝 볶아준 뒤 깨를 뿌리면 완성!

재료

스팸 1/2캔(100g), 양파 1/2개, 식용유 2큰술, 다진 마늘 1/3큰술, 고춧가루 1/2큰술, 진간장 1/2큰술, 물(또는 맛술) 1~2큰술, 깨 약간

달걀국

2인분 ⏲5분

1월 17일

재료

물 3컵(600ml), 다진 마늘 1/2큰술, 국간장 1큰술, 참치액(또는 멸치액젓) 1큰술, 대파 1/5대, 달걀 3개, 다시다(또는 치킨스톡) 1/3큰술, 후추 약간

만드는 법

1. 냄비에 물 600ml를 넣고 다진 마늘 1/2큰술, 국간장 1큰술, 참치액 1큰술을 넣고 끓여주세요.
2. 대파 1/5대는 송송 썰고, 달걀 3개는 잘 풀어주세요.
3. 물이 끓기 시작하면 달걀물을 빙 둘러 넣은 후, 휘젓지 않은 상태에서 어느 정도 익으면 살짝 저어줍니다.
4. 모자란 간은 다시다 1/3큰술을 넣어 맞추고 마지막에 대파를 넣고 후추를 뿌리면 완성!

TIP

- 동전 육수나 다시팩을 추가해도 좋아요.

요리 영상

스팸볶음밥 1인분 ⏱ 15분

만드는 법

1. 스팸은 으깨고, 대파는 송송 썰어주세요.

2. 프라이팬에 식용유를 두르고 대파, 스팸을 넣고 볶아주세요.

3. 볶은 대파와 스팸은 한쪽으로 밀어놓고, 다른 한쪽에 달걀 1개를 넣고 스크램블해 주세요.

4. 밥 1공기와 진간장 1큰술을 넣고 고슬고슬하게 볶아주면 완성!

재료

스팸 1/2캔(100g), 밥 1공기(200g), 달걀 1개, 대파 1/5대, 진간장 1큰술, 식용유 2큰술

요리 영상

우삼겹덮밥 1인분 ⏱ 10분

1월
18일

만드는 법

1. 대파는 송송 썰고 양파 1/4개는 채 썰어주세요.
2. 달궈진 프라이팬에 우삼겹을 넣고 볶다가 다 익으면 기름을 살짝 제거해 주세요.
3. 다진 마늘 1/3큰술과 양파를 넣고 볶다가, 미림 1큰술, 설탕 1/2큰술, 진간장 1.5큰술을 넣고 볶아주세요.
4. 밥 위에 우삼겹, 대파, 달걀노른자를 올리면 완성!

재료

우삼겹 150g, 양파 1/4개, 다진 마늘 1/3큰술, 미림(또는 맛술) 1큰술,
설탕 1/2큰술, 진간장 1.5큰술, 대파(쪽파로 대체 또는 생략 가능) 약간,
달걀노른자 1개(생략 가능)

요리 영상

바지락미역국 2인분 ⊘ 25분

12월
8일

미리 준비해 주세요

냉동 바지락살은 옅은 소금물에 3~5분간 담가 해동하고, 미역은 찬물에 담가 10분간 불려주세요.

만드는 법

1. 불린 미역은 흐르는 물에 여러 번 바락바락 씻어 물기를 짜서 준비해 주세요.

2. 냄비에 물 1L, 불린 미역, 국간장 1큰술, 참치액 1큰술, 다진 마늘 2/3큰술을 넣고 15분간 끓여주세요.

3. 바지락살을 넣고 5분 더 끓여주면 완성!

재료

자른 미역 15g, 냉동 바지락살 100g, 물 5컵(1L), 국간장 1큰술, 참치액 1큰술, 다진 마늘 2/3큰술

TIP

· 싱거울 경우 나머지 간은 소금으로 맞춰주세요.

· 생바지락살의 경우 옅은 소금물에 흔들어가며 세척 후 사용해요.

요리 영상

건새우볶음 2.5인분 ⏱ 10분

1월
19일

만드는 법

1. 건새우는 마른 프라이팬에 약불로 볶아 수분을 날려준 뒤 체로 걸러 잔 가루를 털어주세요.

2. 프라이팬에 식용유 3큰술, 진간장 2큰술, 설탕 1큰술, 물엿 2큰술을 넣고 약불로 끓이다가 바글바글 끓어오르면 건새우를 넣고 빠르게 볶아주세요.

3. 마무리로 깨 1/2큰술을 뿌린 뒤 펼쳐서 식힌 후 반찬통에 담아주면 완성!

재료

건새우 100g, 식용유 3큰술, 진간장 2큰술, 설탕 1큰술, 물엿(또는 올리고당) 2큰술, 깨 1/2큰술

TIP

• 단맛은 입맛에 맞게 설탕, 물엿의 양으로 조절해 주세요.

요리 영상

전자레인지딸기잼 ⏱ 20분

12월
7일

요리 영상

만드는 법

1. 딸기는 꼭지를 제거하고 깨끗이 세척한 뒤 물기를 제거해 주세요.

2. 딸기를 으깬 뒤 설탕, 레몬즙을 넣어 섞어주세요.

3. 전자레인지 용기에 넣고 전자레인지에 5분간 돌린 후 한번 섞어주세요.

4. 5분 더 돌리면 완성!

TIP

• 딸기잼은 식으면 살짝 꾸덕꾸덕해져요. 하지만 전자레인지의 출력에 따라 딸기잼의 농도가 너무 묽은 것 같다면 1~2분 정도 더 돌려주세요.

재료

딸기 200g, 설탕 1/2컵(100g), 레몬즙 1큰술(생략 가능)

두부구이 2인분 ⏱ 10분

1월
20일

만드는 법

1. 양념장을 만들어주세요.

2. 양파 1/2개는 채 썰고, 두부 1모는 먹기 좋은 크기로 썰어주세요.

3. 프라이팬에 식용유를 두른 후, 한쪽에는 두부를 올려 굽고 한쪽에는 채 썬 양파를 볶아주세요.

4. 구운 두부에 볶은 양파를 올리고 양념장도 올려주면 완성!

재료

두부 1모, 양파 1/2개, 식용유 3큰술

* 양념장 재료

양조간장(또는 진간장) 3큰술, 국간장 1큰술, 물 1큰술, 고춧가루 1큰술,
다진 마늘 1/2큰술, 대파 1/2대, 깨 1큰술, 참기름(또는 들기름) 1큰술

요리 영상

유부김밥 1인분 ⏱ 20분

만드는 법

1. 당근 1개는 세척 후 껍질을 벗겨낸 뒤 얇게 채 썰어주세요.

2. 달걀 1개에 소금 1꼬집을 넣고 잘 섞어준 뒤 달걀말이처럼 말아주세요.

3. 채 썬 당근은 소금 1꼬집을 넣고 볶아주세요.

4. 밥에 시판 유부초밥 소스, 플레이크를 넣고 섞어주세요.

5. 김에 밥을 얇게 펴고 유부, 달걀부침, 채 썬 당근을 넣고 돌돌 말아 먹기 좋게 썰어주면 완성!

재료

밥 2/3공기(150g), 김 1장, 시판 유부초밥 1인분, 달걀 1개, 당근 1개, 소금 2꼬집

요리 영상

연유치즈토스트 1인분 ⏱ 10분

만드는 법

1. 달걀 2개에 소금 1꼬집을 넣고 잘 풀어주세요.

2. 식빵 사이에 체더치즈 1장을 넣고 달걀물을 골고루 입혀주세요.

3. 식용유를 두른 프라이팬에 식빵을 올려 약불로 타지 않게 앞뒤, 옆면을 노릇노릇하게 구워주세요.

4. 토스트 위에 연유를 뿌리고 버터 1조각을 올리면 완성!

재료

식빵 2장, 체더치즈 1장, 달걀 2개, 소금 1꼬집, 식용유 3큰술, 무염버터 1조각(생략 가능), 연유(취향껏)

요리 영상

꽈리고추멸치조림 2인분 ⏱ 15분

12월
5일

만드는 법

1. 꽈리고추는 꼭지를 제거하고 깨끗이 씻어준 후, 간이 잘 배일 수 있도록 가위나 포크로 구멍을 내주세요.

2. 멸치는 전자레인지에 30초간 돌려 비린내를 날려주세요.

3. 프라이팬에 식용유를 두르고 꽈리고추를 넣고 볶다가 물 1컵, 진간장 2큰술, 국간장 1큰술, 다진 마늘 1/2큰술을 넣고 뚜껑을 덮어 5분간 조려주세요.

4. 뚜껑을 열고 멸치를 넣은 후 5분 더 끓여주세요.

5. 올리고당 1큰술, 깨를 넣고 살짝만 조리면 완성!

재료

꽈리고추 25개(200g), 멸치 1줌(50g), 식용유 1큰술, 물 1컵(200ml), 진간장 2큰술, 국간장 1큰술, 다진 마늘 1/2큰술, 올리고당 1큰술, 깨 약간

요리 영상

얼큰만둣국 1인분 ⓒ 10분

(만드는 법)

1. 대파 1/2대는 4~5cm 정도 크기로 자르고 달걀 1개는 잘 풀어서 준비해 주세요.

2. 냄비에 식용유를 두르고 대파를 넣고 볶다가 약불로 줄인 후, 고춧가루 1.5큰술을 넣어주세요.

3. 고춧가루가 타지 않게 볶다가 고추기름이 생기면 사골곰탕 육수 350g과 물 150ml를 부어주세요.

4. 물이 끓기 시작하면 만두와 다진 마늘 1/2큰술을 넣고 끓이다가, 국간장 1/2큰술, 참치액 2/3큰술을 넣어주세요. (싱거우면 소금으로 나머지 간을 맞춰주세요.)

5. 만두가 다 익으면 풀어둔 달걀을 빙 둘러 넣고 젓지 않은 상태로 몽글몽글하게 익힌 후 후추를 뿌리면 완성!

(재료)

만두 200g(약 6알), 사골곰탕 육수 작은 것 1팩(350g), 물 150ml, 식용유 1.5큰술, 달걀 1개, 대파 1/2대, 고춧가루 1.5큰술, 다진 마늘 1/2큰술, 국간장 1/2큰술, 참치액 2/3큰술(다시다 1/3큰술로 대체 또는 생략 가능), 후추 약간

(TIP)

· 무염 사골곰탕 육수의 경우 간을 추가해 주세요.

요리 영상

굴오일절임 2인분 ⏱ 20분

12월
4일

미리 준비해 주세요

생굴은 소금물(물 1L+소금 1큰술)에 살살 흔들어가며 간혹 있는 굴 껍데기와 이물질을 제거하고 두세 번 헹궈 세척한 뒤 체에 밭쳐 물기를 빼주세요. (헹굴 때도 소금물로 헹궈 주세요.)
열탕 소독한 병 1개를 준비해 주세요.

만드는 법

1. 마늘은 편으로 썰어주세요.

2. 프라이팬에 올리브유 1큰술을 두르고 물기가 없을 때까지 굴을 구워주세요.

3. 굴이 다 구워지면 굴소스 1큰술을 넣고 타지 않게 살짝만 볶고 식혀둡니다.

4. 열탕 소독한 병에 편으로 썬 마늘, 페페론치노, 허브잎, 구운 굴을 넣고 재료가 다 잠길 때까지 올리브유를 채우면 완성!

재료

굴 300g, 통마늘 6알, 엑스트라버진 올리브유 1.5컵(300ml), 굴소스 1큰술, 페페론치노 8개(생략 가능), 허브잎(월계수, 로즈마리, 딜 등을 넣거나 생략 가능)

TIP

· 굴오일절임은 서늘한 곳에 두고 1~2일 이상 숙성한 후 드세요.

· 굴오일절임은 빵과 먹거나 파스타로 만들어 먹어도 좋아요.

요리 영상

우엉조림 2.5인분 ⊘ 25분

만드는 법

1. 냄비에 채 썬 우엉, 진간장 6큰술, 설탕 2큰술, 식용유 3큰술, 물 300㎖를 넣어주세요.

2. 설탕이 녹도록 살짝 볶아준 뒤 뚜껑을 덮고 중약불로 15분간 끓여주세요.

3. 물엿 3큰술을 넣고 수분을 날려가며 볶아주세요.

4. 수분이 거의 다 날아가면 마지막에 물엿 1큰술을 추가로 넣고 수분이 없어질 때까지 볶아주세요.

5. 불을 끄고 깨를 뿌리면 완성!

재료

채 썬 우엉 500g, 진간장 6큰술, 설탕 2큰술, 식용유 3큰술, 물 1.5컵 (300㎖), 물엿(또는 소정 쌀엿) 4큰술, 깨 약간

TIP

· 우엉조림으로 김밥을 만들어 먹어도 좋아요. (1월 26일 참고)
· 채 썬 우엉은 마트에서 쉽게 구매할 수 있어요.

요리 영상

뚝배기명란달걀찜 1.5인분 ⏱ 20분

만드는 법

1. 대파 1/6대는 송송 썰고, 달걀 3개는 잘 풀어주세요.

2. 명란젓 1개는 막을 제거하고 칼로 알만 분리한 뒤 달걀 3개와 잘 섞어주세요.

3. 뚝배기에 물 200㎖를 붓고 끓기 시작하면 **2**를 붓고 중약불로 줄여주세요.

4. 중간중간 눌어붙지 않도록 바닥과 옆면을 저어가며 익혀주세요.

5. 80% 정도 익으면 명란젓 1개를 더 잘라서 올리고 뚜껑을 덮고 약불로 줄인 뒤 속까지 다 익혀준 다음 대파를 올리고 참기름을 뿌리면 완성!

TIP

- 달걀찜의 달걀과 물의 비율은 1:1, 1:1.2, 1:1.5로 취향에 따라 맞추면 됩니다.

- 명란알이 톡톡 씹히는 달걀찜이에요. 더 부드러운 식감의 달걀찜이 좋다면 명란젓을 달걀에 섞지 말고 토핑으로만 올려도 맛있어요. 이때 간은 참치액, 연두, 다시다, 소금 등으로 맞춰요.

요리 영상

재료

저염 명란젓 2개, 달걀 3개, 물 1컵(200㎖), 대파 1/6대, 참기름 1큰술

LA갈비 2.5인분 ⏱ 30분

1월
24일

미리 준비해 주세요

LA갈비를 흐르는 물에 두 번 정도 씻어 뼛가루를 제거해 주세요. 갈비가 넉넉히 잠길 정도의 찬물에 설탕 1~2큰술을 넣고 30분간 핏물을 뺀 후 물기를 빼주세요.

만드는 법

1. 대파 1/2대를 다져주세요.
2. 양념을 만들어주세요.
3. 핏물 뺀 LA갈비에 양념을 부어 잘 버무린 뒤 냉장고에 넣고 30분 이상 재워주세요.
4. 예열된 프라이팬에 갈비를 넣고 중약불로 조려내듯 구워주면 완성!

재료

LA갈비 1kg,

* 양념 재료
진간장 12큰술, 설탕 3큰술, 물엿 2큰술, 다진 마늘 1/2큰술, 다진 생강 1작은술(생략 가능), 맛술 2큰술, 대파 1/2대, 후추 1작은술, 물 2컵 (400ml), 참기름 1큰술

TIP

• 고기 핏물을 뺄 때 설탕을 넣으면 핏물이 빨리 빠져요.

요리 영상

꽈리고추항정살볶음

2인분 ⏱ 20분

12월
2일

만드는 법

1. 소스를 만들어주세요.
2. 꽈리고추는 먹기 좋게 2~3등분으로 잘라요.
3. 항정살을 굽다가 노릇하게 익으면 가위로 먹기 좋게 잘라준 뒤 기름을 닦아내요.
4. 꽈리고추를 넣고 30초 정도 볶다가 소스를 붓고 고기에 간이 배도록 조려주세요.
5. 마무리로 깨를 뿌리면 완성!

재료

항정살 300g, 꽈리고추 10개(70g)

*** 소스 재료**

진간장 3큰술, 맛술 1큰술, 물엿 1큰술, 설탕 1큰술, 물 3큰술, 후추 약
간, 다진 마늘 1/2큰술

TIP

- 연겨자가 있다면 1/5큰술 정도 넣어도 좋아요. 연겨자는 느끼
  함을 잡아주고 감칠맛을 더해요.

요리 영상

베이컨마늘볶음밥 1인분 ⓒ 25분

만드는 법

1. 대파 1/4대는 잘게 송송 썰고, 통마늘 6개는 편으로 썰고, 베이컨 3줄은 약 1cm 간격으로 잘라서 준비해 주세요.

2. 프라이팬에 식용유를 두르고 썰어둔 마늘과 베이컨을 넣어 볶아준 후, 살짝 노릇해지면 대파를 넣어주세요.

3. 재료를 한쪽으로 밀어두고, 달걀 1개를 넣고 익혀서 다른 재료와 함께 섞어주세요.

4. 밥 1공기를 넣고 골고루 잘 섞어가며 볶은 후 한쪽으로 밀어두고, 진간장 1큰술을 넣은 뒤 간장이 끓기 시작하면 골고루 섞어주세요.

5. 나머지 간은 굴소스 1/2큰술을 넣고 맞춘 후 고슬고슬하게 볶아준 다음, 마무리로 후추를 뿌리면 완성!

재료

베이컨 3줄, 통마늘 6개, 대파 1/4대(생략 가능), 식용유 2큰술, 달걀 1개, 밥 1공기, 진간장 1큰술, 굴소스 1/2큰술, 통후추(생략 가능)

요리 영상

굴국 2인분 ⏱ 20분

12월
1일

미리 준비해 주세요

생굴은 소금물(물 1L+소금 1큰술)에 살살 흔들어가며 간혹 있는 굴 껍데기와 이물질을 제거하고 두세 번 헹궈 세척한 뒤 체에 밭쳐 물기를 빼주세요. (헹굴 때도 소금물로 헹궈 주세요.)

만드는 법

1. 무는 채 썰고, 청양고추와 대파는 송송 썰어주세요.
2. 냄비에 물 800ml, 동전 육수, 무를 넣고 5분간 끓여주세요.
3. 국간장 1큰술, 참치액 1큰술, 다진 마늘 1/2큰술, 굴을 넣고 5분간 더 끓여주세요.
4. 대파, 청양고추를 넣고 한소끔 더 끓이면 완성!

재료

생굴 200g, 무 150g, 청양고추 1개(생략 가능), 대파 1/5대, 물 4컵 (800ml), 동전 육수 1개, 국간장 1큰술, 참치액 1큰술, 다진 마늘 1/2큰술

TIP

• 싱거울 경우 나머지 간은 소금으로 맞춰주세요.

요리 영상

우엉김밥  1인분 ⏱10분

1월
26일

만드는 법

1. 달걀 1개에 참치액 1작은술을 넣고 잘 풀어주세요.

2. 프라이팬에 달걀말이 하듯 말아가며 도톰하게 부쳐주세요.

3. 밥에 소금과 참기름 1큰술을 넣고 간을 한 뒤, 밥을 김 위 3/4 부분까지 얇게 펴주세요.

4. 밥 위에 우엉조림과 달걀지단을 올리고 말아주면 완성!

TIP

- 우엉조림 레시피는 1월 23일을 참고해 주세요.
- 김 끝부분에 물을 살짝 발라주면 잘 붙어요.
- 김밥 마는 도구가 없어도 잘 말아져요.

요리 영상

재료

우엉조림, 달걀 1개, 참치액 1작은술, 김 1장, 밥 2/3공기(150g), 소금 (입맛에 맞게), 참기름 1큰술

12월

12월의 제철 재료

굴

'바다의 우유'라고 불리는 굴은 수온이 낮아지면서 살이 통통하게 오르는 겨울이 제일 맛있는 시기예요. 살이 통통하고 우유 빛깔을 띠고 광택이 나면서 탄력이 있는 것을 골라야 해요. 냉장 보관 시 씻지 않은 채로 해수에 담가 보관하되 되도록 빨리 섭취하는 것이 좋고, 세척한 후라면 냉동 보관해 주세요. 굴무침, 굴튀김, 굴국 등으로 먹을 수 있어요.

홍합

뽀얀 국물에 담백한 맛의 홍합은 빈혈, 숙취해소, 피로회복에 좋아요. 살이 통통하고 비린내가 나지 않는 것을 골라야 해요. 홍합을 냉동 보관할 때는 삶아서 살과 육수를 따로 분리해 얼리거나 홍합살과 삶은 물을 함께 얼려서 보관할 수도 있어요. 홍합탕, 홍합미역국, 홍합스튜를 만들거나 홍합 삶은 육수와 홍합살로 홍합밥을 지어 먹어도 맛있어요.

한판육전 1.5인분 ⏱ 10분

만드는 법

1. 양념장을 만들어주세요.
2. 달걀 4개에 소금을 약간 넣고 풀어서 준비합니다.
3. 프라이팬에 우삼겹을 넣고 소금과 후추를 약간 넣어 함께 볶은 후, 우삼겹이 다 익으면 자른 부추를 약간 넣고(색감용으로 넣는 것이라 생략 가능) 잘 펼쳐주세요.
4. 프라이팬에 달걀물을 붓고 중약불로 양쪽 면을 노릇노릇하게 부쳐주세요.
5. 자른 부추 5줌에 1을 넣고 부추무침을 만든 후 육전 위에 올리면 완성!

재료

우삼겹 300g, 달걀 4개, 자른 부추 5줌, 소금 약간, 후추 약간

* 양념장 재료

양조간장(또는 진간장) 2큰술, 식초 2큰술, 물 2큰술, 설탕 1큰술, 고춧가루 1큰술

요리 영상

유자청연근무침 2인분 ⏱15분

만드는 법

1. 연근은 껍질을 벗긴 뒤 깨끗이 씻고 최대한 얇게 썰어주세요.

2. 냄비에 물 500㎖, 식초 1큰술, 소금 1/2큰술을 넣고 끓여주세요.

3. 끓기 시작하면 연근을 넣고 1분간 데쳐주세요.

4. 데친 연근은 찬물에 담가 식힌 뒤 물기를 빼주세요.

5. 연근에 유자청 2큰술, 레몬즙 1큰술, 소금 2꼬집을 넣고 섞어주면 완성!

재료

연근 1개(200g), 유자청 2큰술, 물 2.5컵(500㎖), 식초 1큰술, 소금 1/2큰술, 레몬즙 1큰술

TIP

· 유자청연근무침은 냉장 보관해두고 드세요.

요리 영상

만두그라탕 1인분 ⓒ 10분

만드는 법

1. 냉동 만두를 전자레인지 용기에 담아 물을 살짝 뿌리고 랩을 씌워주세요.

2. 랩에 구멍을 낸 후 전자레인지에 2~3분 돌려 해동해 주세요.

3. 그동안 양파 1/6개를 채 썰어주세요.

4. 해동된 만두를 가위로 먹기 좋게 2~3등분으로 자르고, 채 썬 양파, 토마토소스, 피자치즈를 올린 뒤 전자레인지에 치즈가 녹을 때까지 돌리면 완성!

TIP

· 양파, 버섯, 베이컨, 소시지 등 좋아하는 재료 토핑을 추가해서 만들어도 좋아요.

· 핫소스나 스리라차를 뿌려서 매콤하게 먹어도 좋아요.

요리 영상

재료

냉동 만두 200g(약 5~6개), 토마토소스 4큰술, 피자치즈 7줌, 양파 1/6개(생략 가능), 파슬리(생략 가능)

전자레인지키마카레밥
1인분 ⏱ 15분

11월
29일

만드는 법

1. 양파 1/2개를 잘게 다져주세요.

2. 전자레인지 용기에 다진 양파, 소고기 다짐육, 고형카레 1조각, 무염버터 1조각을 넣고 랩을 살짝 덮어준 뒤 전자레인지에 4분간 돌려주세요.

3. 잘 섞어준 뒤 다시 랩을 씌우고 3분 더 돌려주세요.

4. 밥 위에 키마카레를 올리고 달걀노른자를 올리면 완성!

재료

밥 1공기(200g), 소고기 다짐육 100g, 양파 1/2개(100g), 고형카레 1조각, 무염버터 1조각(10g), 달걀노른자 1개(생략 가능)

TIP

· 전자레인지 출력에 따라 데우는 시간을 조절해 주세요.

요리 영상

맑은소고기뭇국 2.5인분 ⓒ 25분

1. 무 1/4개는 약간 도톰하게 나박 썰고, 대파 1/4대는 송송 썰어주세요.

2. 끓는 물에 소고기를 30초간 데친 후 흐르는 물에 살짝 헹궈주세요.

3. 냄비에 데친 소고기, 무, 물 500ml, 국간장 2큰술을 넣고 중불로 10~15분간 끓여 주세요.

4. 소고기와 무가 충분히 익으면 물 700ml를 부어주세요.

5. 다진 마늘 1큰술, 참치액 2큰술, 소금으로 간을 맞추고 10분간 끓이다가 대파를 넣 고 한소끔 끓인 뒤 마지막으로 후추를 뿌리면 완성!

재료

소고기 250g, 중간 크기 무 1/4개, 대파 1/4대, 물 6컵(1.2L), 국간장 2큰술, 다진 마늘 1큰술, 참치액(또는 멸치액젓) 2큰술, 소금 약간, 후 추 약간

요리 영상

함박스테이크 2.5인분 ⓒ 30분

11월
28일

미리 준비해 주세요

* **소스 만드는 법:** 프라이팬에 무염버터 20g, 케첩 4큰술, 돈가스소스 6큰술, 우유 2큰술을 넣고 살짝 걸쭉해질 때까지 졸이기. (소스를 만들지 않고 돈가스소스를 뿌려 먹어도 돼요.)

만드는 법

1. 양파 1개는 잘게 다진 뒤 전자레인지에 4분 정도 돌려 익힌 후 식혀주세요.

2. 달걀 1개를 풀고 빵가루 11큰술, 우유 5큰술과 잘 섞어서 준비해둡니다.

3. 소고기 다짐육, 돈가스소스 2큰술, 소금과 후추를 약간 넣고 으깨듯 잘 섞어준 뒤, 1, 2를 넣고 치대면서 동그랗게 모양을 만들어주세요.

4. 식용유를 두르지 않은 프라이팬에 함박스테이크를 올리고 불을 켠 후 약불로 3분 정도 기름이 나올 때까지 익혀준 뒤 뒤집어서 1~2분 정도 더 익혀주세요.

5. 물 50ml를 붓고 뚜껑을 덮고 5분간 익히고, 1분간 뜸을 들여 소스를 올리면 완성!

TIP

· 함박스테이크 반죽은 동그랗게 모양을 잡아서 냉동실에 보관해 두었다가 먹기 전날 냉장고로 옮겨 해동 후 구워 드세요.

요리 영상

재료

소고기 다짐육 500g, 달걀 1개, 양파 1개, 빵가루 11큰술, 우유 5큰술, 돈가스소스(또는 우스터소스) 2큰술, 소금 약간, 후추 약간, 물 50ml

참치무조림 2.5인분 ⏱ 20분

1월
30일

요리 영상

만드는 법

1. 무 1/3개는 껍질을 벗긴 후 1~1.5cm 두께로 자르고, 대파 1/5대와 홍고추 1개는 송송 썰어주세요.

2. 자른 무에 물을 2~3큰술 정도 뿌리고 랩을 씌워 5~6분간 돌려주세요. (전자레인지 출력에 따라 시간은 다를 수 있어요. 찔렀을 때 젓가락이 들어가는 정도면 됩니다.)

3. 냄비에 무, 진간장 3큰술, 참치액 1큰술, 고춧가루 3큰술, 올리고당 1큰술, 다진 마늘 1큰술, 물 350ml를 넣고 10분 정도 끓여주세요. (국물이 너무 졸아들었으면 물을 추가해 주세요. 싱거우면 간을 추가하거나 더 졸여주세요.)

4. 마지막에 대파, 참치캔 1개, 홍고추를 넣고 살짝만 더 끓이면 완성!

재료

중간 크기 무 1/3개, 대파 1/5대, 홍고추 1개(생략 가능), 진간장 3큰술, 참치액 1큰술, 고춧가루 3큰술, 올리고당 1큰술, 다진 마늘 1큰술, 물 350ml, 참치캔 1개(150g)

눈꽃만두 1인분 ⏱10분

11월
27일

만드는 법

1. 밀가루 1큰술과 물 100ml를 잘 섞어주세요.

2. 프라이팬에 냉동 만두를 예쁘게 놓고 식용유를 둘러 익혀주세요.

3. 뚜껑을 덮어 익는 소리가 나면 1을 넣고 다시 뚜껑을 덮은 후 구워주세요.

4. 타닥타닥 소리가 나면 뚜껑을 열고 수분이 다 날아갈 때까지 약불로 익혀주면 완성!

재료

냉동 만두 7~8개, 밀가루(또는 전분가루) 1큰술, 물 1/2컵(100ml), 식용유 3큰술

요리 영상

불닭소시지야채볶음 1.5인분 ⏱10분

만드는 법

1. 비엔나소시지에는 칼집을 내주고(생략 가능), 양파 1/2개와 피망 1개는 깍둑 썰고, 당근 1/4개는 반달썰기 해주세요.

2. 식용유를 두른 프라이팬에 1의 재료를 모두 넣고 볶아주세요.

3. 소시지와 채소가 어느 정도 익으면 잠시 불을 끈 후, 케첩 4큰술, 불닭소스 2큰술, 설탕 1/3큰술을 넣고 약불로 잘 볶아주면 완성!

재료

비엔나소시지 200g, 양파 큰 것 1/2개, 피망 1개(생략 가능), 당근 1/4개(생략 가능), 식용유 2큰술, 케첩 4큰술, 불닭소스 2큰술, 설탕 1/3큰술

요리 영상

고추참치두부그라탕
1인분 ⏱10분

11월
26일

만드는 법

1. 두부 2/3모는 전자레인지에 2분간 돌린 후, 나온 수분을 빼준 뒤 으깨주세요.

2. 으깬 두부에 달걀 1개를 넣고 잘 섞어주세요.

3. 고추참치캔 1개를 올리고 모짜렐라치즈를 올린 뒤 전자레인지에 3분간 돌려주면 완성!

재료

두부 2/3모, 고추참치캔 1개(100g), 달걀 1개, 모짜렐라치즈 1줌

요리 영상

2월

2월의 제철 재료

꼬막

쫄깃한 식감과 감칠맛 있는 꼬막은 임금님 수라상에 오르던 팔도 진미였다고 합니다. 고단백, 저지방, 저칼로리의 알칼리성 식품으로 소화가 잘 되어 회복식으로 좋으며 풍부한 맛과 영양까지 골고루 갖춘 수산물입니다. 물결무늬가 선명하고 냄새가 나지 않고 껍질이 깨지지 않은 것을 골라야 해요. 주로 데쳐서 양념장을 얹어 먹거나 비빔밥, 무침 등으로 요리해 먹어요.

바지락

제철에 먹는 바지락은 살이 통통하고 맛이 좋습니다. 영양소가 풍부해 피로회복, 빈혈 예방, 혈액순환에 좋아요. 껍데기가 깨지지 않고 윤기가 나는 것을 골라야 해요. 칼국수, 된장국, 바지락탕 등 주로 국물 요리에 사용되지만, 살만 발라내어 새콤달콤한 무침으로 만들어 먹어도 맛있어요. 해감하고 남은 바지락은 밀봉해서 냉동 보관해두고 사용할 수 있어요.

깐풍만두 1인분 ⏱ 20분

만드는 법

1. 청양고추 1개, 홍고추 1개, 대파 1/5대는 다져주세요.

2. 소스를 만들어주세요.

3. 프라이팬에 식용유를 두르고 만두를 노릇하게 굽고 잠시 빼둡니다.

4. 프라이팬에 청양고추, 홍고추, 대파, 다진 마늘 1/3큰술을 넣고 볶다가 만들어둔 소스를 부어주세요.

5. 소스가 끓기 시작하면 만두를 넣고 센불로 빠르게 볶아주면 완성!

재료

냉동 만두 6~10개(150~200g), 청양고추 1개, 홍고추 1개(생략 가능), 대파 1/5대, 다진 마늘 1/3큰술, 식용유 3~4큰술

* 소스 재료

진간장 1큰술, 설탕 2/3큰술, 식초 1.5큰술, 굴소스 1/2큰술, 물 1.5큰술

요리 영상

순살닭볶음탕

2인분 ⏱ 20분

1. 닭다리살은 키친타월로 닦아 핏물을 제거한 후 먹기 좋게 썰고, 양파 1/2개, 대파 1대, 청양고추 1개, 홍고추 1개, 감자 2개는 큼직하게 썰어서 준비합니다.

2. 냄비에 닭다리살, 감자, 다진 마늘 1큰술, 설탕 1큰술, 고춧가루 2큰술, 진간장 3큰술, 올리고당 1큰술, 고추장 1큰술, 후추, 맛술 1큰술, 물 300~350ml를 넣고 강불에서 중강불로 15분간 끓여주세요.

3. 감자가 다 익으면 양파, 대파, 청양고추, 홍고추를 넣고, 나머지 채소가 익을 때까지 끓이면 완성!

재료

닭다리살 500g, 양파 1/2개, 대파 1대, 청양고추 1개, 홍고추 1개(생략 가능), 감자 2개, 다진 마늘 1큰술, 설탕 1큰술, 고춧가루 2큰술, 진간장 3큰술, 올리고당 1큰술, 고추장 1큰술, 후추 약간, 맛술 1큰술, 물 1.5컵 (300~350ml)

TIP

· 매운맛은 매운 고춧가루나 청양고추로 조절해 주세요.

· 입맛에 맞게 조미료를 살짝 추가해도 좋아요.

· 짜거나 국물이 너무 졸아들면 물을 추가하고, 싱거우면 졸이거나 간을 추가해 주세요.

요리 영상

부추된장국

1.5인분 ⏱ 10분

11월
24일

만드는 법

1. 부추는 깨끗이 세척한 뒤 4~5cm 크기로 썰어주세요.

2. 냄비에 물 600ml, 동전 육수 1개, 고추장 1/3큰술, 된장 1큰술, 참치액 1큰술을 넣고 끓여주세요.

3. 물이 끓기 시작하면 부추, 다진 마늘 1/3큰술을 넣고 한소끔 끓이면 완성!

재료

부추 1/5단(100g), 물 3컵(600ml), 동전 육수 1개(또는 다시팩), 고추장 1/3큰술, 된장 1큰술, 참치액 1큰술, 다진 마늘 1/3큰술

요리 영상

콩나물무침 2인분 ⏱ 10분

만드는 법

1. 콩나물은 깨끗이 씻고 끓는 물에 3분간 데친 후 찬물에 담가 식혀주세요.

2. 식힌 콩나물을 체에 밭쳐 물기를 제거해 주세요.

3. 물기를 제거한 콩나물에 고춧가루 1큰술, 참치액 1큰술, 다진 대파 2큰술, 다진 마늘 1/3큰술, 소금, 참기름 1큰술을 넣고 살살 버무려주세요.

4. 부족한 간은 소금으로 맞추고 깨를 뿌리면 완성!

재료

콩나물 300g, 고춧가루 1큰술, 참치액 1큰술, 다진 대파 2큰술, 다진 마늘 1/3큰술, 소금 약간, 참기름 1큰술, 깨 1/2큰술

TIP

· 참치액은 다른 액젓이나 국간장으로 대체 가능해요.

요리 영상

치킨마요덮밥

1인분 ⏱ 20분

11월 23일

만드는 법

1. 양파 1/4개는 채 썰고, 달걀 2개는 소금 1꼬집을 넣고 잘 풀어주세요.

2. 치킨너깃은 식용유를 두른 프라이팬에 잘 익힌 뒤 먹기 좋게 잘라주세요.

3. 달걀은 스크램블드에그를 만들어서 빼두고 양파를 볶아주세요.

4. 양파가 반 정도 익으면 물 2큰술, 진간장 2큰술, 물엿 1큰술을 넣고 졸여주세요.

5. 밥 위에 스크램블드에그, 양파볶음, 치킨너깃을 올리고 마요네즈를 뿌리면 완성!

재료

밥 1공기, 치킨너깃(또는 냉동 순살 치킨) 6조각, 양파 1/4개, 달걀 2개, 소금 1꼬집, 식용유 3큰술, 물 2큰술, 진간장 2큰술, 물엿(또는 올리고당) 1큰술, 마요네즈 약간

요리 영상

바지락해장국 <small>2인분 ⏱ 10분</small>

미리 준비해 주세요

깨끗한 물로 바지락을 2~3회 바락바락 씻고, 물 1L에 소금을 크게 2큰술을 넣어 소금물을 만든 후 바지락을 넣어줍니다. 검정 비닐이나 신문지로 덮어 어둡게 만든 뒤 2~3시간 정도 서늘한 곳이나 냉장고에서 해감해 주세요.

만드는 법

1. 냄비에 해감한 바지락을 담고 물 600~700ml를 넣어 끓여주세요.
2. 끓이면서 뜨는 거품은 걷어내고, 바지락이 입을 다 벌리면 다진 마늘 1/3큰술을 넣어주세요.
3. 간은 먹어보고 싱거울 경우 소금으로 맞춘 뒤, 홍고추 1개를 썰어 넣고 불을 꺼주세요.
4. 마지막에 송송 썬 부추를 넣으면 완성!

TIP

- 국물이 진한 게 좋으면 물을 600ml, 국물이 많은 게 좋으면 700ml를 넣어주세요.
- 칼칼하게 먹고 싶다면 청양고추를 추가해 주세요.

요리 영상

재료

바지락 500g, 물 3~3.5컵(600~700ml), 다진 마늘 1/3큰술, 홍고추 1개(생략 가능), 송송 썬 부추 1줌(생략 가능), 소금 약간

참치고추장찌개 1.5인분 ⏱ 20분

만드는 법

1. 감자, 양파, 두부는 비슷한 크기로 썰고, 청양고추와 대파는 송송 썰어주세요.

2. 냄비에 식용유 2큰술, 감자, 고추장 1큰술을 넣고 살짝 볶다가, 물 500ml, 동전 육수 1개를 넣고 5분간 끓여주세요.

3. 양파, 고춧가루 2큰술, 진간장 3큰술, 참치액 1큰술, 설탕 1/2큰술, 다진 마늘 1큰술을 넣고 5분간 더 끓여주세요.

4. 기름 뺀 참치캔 1개, 두부, 청양고추, 대파를 넣고 한소끔 더 끓이면 완성!

재료

참치캔 1개(100g), 감자 2개, 두부 1/3모, 양파 1/2개, 청양고추 1개, 대파 1/5대, 식용유 2큰술, 동전 육수 1개(생략 가능), 물 2.5컵(500ml), 고추장 1큰술, 고춧가루 2큰술, 진간장 3큰술, 참치액(또는 국간장) 1큰술, 설탕 1/2큰술, 다진 마늘 1큰술

TIP

• 참치액 또는 국간장이 없다면 다시다를 약간 넣어도 돼요.

요리 영상

오징어볶음 1.5인분 ⏱ 15분

2월
4일

만드는 법

1. 손질된 오징어는 먹기 좋게 가위나 칼로 잘라주세요.

2. 양파 1/2개는 두껍게 채 썰고 대파 1대는 어슷 썰어주세요.

3. 프라이팬에 식용유 3큰술, 오징어, 양파, 대파, 다진 마늘 1큰술, 고춧가루 2큰술을 넣고 오징어가 반 정도 익을 때까지 센불로 볶아주세요.

4. 불을 끄고 진간장 2큰술, 고추장 1큰술, 맛술 1큰술, 물엿 1큰술을 넣고, 다시 센불로 오징어가 다 익을 때까지 볶아주세요.

5. 마지막에 깨를 뿌리면 완성!

재료

손질된 오징어 큰 것 1마리(또는 작은 것 2마리), 양파 큰 것 1/2개, 대파 1대, 식용유 3큰술, 다진 마늘 1큰술, 고춧가루 2큰술, 진간장 2큰술, 고추장 1큰술, 맛술 1큰술, 물엿 1큰술(또는 설탕 1/2큰술), 깨 약간

요리 영상

허니윙 1.5인분 ⓘ 20분

만드는 법

1. 닭날개에 소금, 후추로 살짝 밑간을 해주세요.

2. 소스를 만들어주세요.

3. 밑간한 닭날개에 감자전분 2큰술을 묻혀주세요.

4. 프라이팬에 식용유를 넉넉히 두르고 닭날개를 앞뒤로 노릇노릇하게 튀기듯 8분 간 익힌 뒤 건져주세요.

5. 프라이팬에 만들어둔 소스를 붓고 바글바글 끓기 시작하면 튀긴 닭날개를 넣고 센불로 빠르게 볶아내면 완성!

재료

닭날개 300g, 소금 약간, 후추 약간, 감자전분(또는 튀김가루) 2큰술, 식용유 8큰술

* 소스 재료

진간장 2큰술, 물 2큰술, 식초 2큰술, 설탕 1큰술, 올리고당(물엿 또는 꿀로 대체 가능) 2큰술, 다진 마늘 1/3큰술

TIP

· 매콤하게 먹고 싶다면 12월 30일 핫윙 레시피를 참고해 주세요.

요리 영상

감자채전 1인분 ⏱ 10분

만드는 법

1. 감자 2개는 껍질을 깎고 최대한 얇게 채 썰어주세요.

2. 채 썬 감자에 소금, 후추 간을 하고 잘 섞어주세요.

3. 식용유를 넉넉히 두른 프라이팬에 채 썬 감자를 넓고 얇게 펴서 중불로 익혀주세요.

4. 프라이팬을 돌려봤을 때 감자채전의 모양이 흐트러지지 않고 가장자리가 노릇해지면 뒤집어주세요.

5. 앞뒤 바삭하게 잘 익혀주면 완성!

재료

중간 크기 감자 2개, 소금 2꼬집, 후추 약간, 식용유 4큰술

* 초간장 재료

진간장(또는 양조간장) 1큰술, 식초 1큰술, 물 1큰술

TIP

· 마지막에 센불로 살짝 올리면 기름을 덜 먹어요.

· 케첩이나 핫소스에 찍어 먹으면 맛있어요.

요리 영상

굴전 1인분 ⏱ 15분

11월
20일

미리 준비해 주세요

생굴은 소금물(물 1L+소금 1큰술)에 살살 흔들어가며 간혹 있는 굴 껍데기와 이물질을 제거하고 두세 번 헹궈 세척한 뒤 체에 밭쳐 물기를 빼주세요. (헹굴 때도 소금물로 헹궈 주세요.)

만드는 법

1. 대파를 잘게 다져주세요.
2. 달걀 2개에 소금 2꼬집을 넣고 잘 풀어준 뒤 다진 대파를 넣고 섞어주세요.
3. 생굴에 부침가루 옷을 입힌 뒤 달걀물을 입히고 프라이팬에 숟가락으로 하나씩 떠서 올려주세요.
4. 중불에서 약불로 앞뒤 노릇노릇하게 부치면 완성!

재료

생굴 200g, 부침가루 2큰술, 달걀 2개, 소금 2꼬집(또는 참치액 1/3큰술), 대파 약간(생략 가능), 식용유 3~4큰술

TIP

· 대파는 색감용으로 넣어요.

요리 영상

오징어뭇국 <small>2인분 ⏱ 15분</small>

만드는 법

1. 손질된 오징어는 먹기 좋게 자르고, 무 1토막은 나박 썰고, 대파 1/4대는 송송 썰어 주세요.

2. 물 700ml에 무, 국간장 1큰술을 넣고 센불로 5분간 끓여주세요.

3. 오징어, 고춧가루 1/2큰술, 참치액 2큰술, 다진 마늘 1큰술을 넣고 5분간 끓여주세요.

4. 대파를 넣고 한소끔 끓여주면 완성!

재료

손질된 오징어 큰 것 1마리(또는 작은 것 2마리), 무 1토막(100g), 물 3.5컵(700ml), 대파 1/4대, 국간장 1큰술, 고춧가루 1/2큰술, 참치액(또는 멸치액젓) 2큰술, 다진 마늘 1큰술

요리 영상

어묵볶음 2인분 ⏱ 15분

만드는 법

1. 어묵 6장, 양파 1/2개는 비슷한 크기로 채 썰고, 대파 1/8대는 송송 썰어주세요.

2. 프라이팬에 식용유를 두르고 양파, 대파, 다진 마늘 1큰술을 넣고 볶다가 어묵을 넣고 살짝 볶아주세요.

3. 물 3큰술, 진간장 2.5큰술, 올리고당 1큰술을 넣고 물기 없이 센불로 볶아주세요.

4. 마지막에 참기름 1/2큰술, 깨 1/3큰술을 뿌리고 살짝 섞어주면 완성!

재료

어묵 6장(300g), 양파 1/2개, 대파 1/8대, 다진 마늘 1큰술, 식용유 2큰술, 물 3큰술, 진간장 2.5큰술, 올리고당(또는 물엿) 1큰술, 참기름 1/2큰술, 깨 1/3큰술

TIP

· 매콤한 어묵볶음을 먹고 싶다면 4월 20일 매콤어묵볶음 레시피를 참고해 주세요.

요리 영상

길거리토스트 1인분 ⏱ 10분

만드는 법

1. 양배추 1/4통은 채 썰어주세요.
2. 믹싱볼에 달걀 2개, 소금 1꼬집, 채 썬 양배추를 넣고 가위로 살짝 잘라준 뒤 잘 섞어주세요.
3. 프라이팬에 버터 2조각을 올려 식빵을 노릇하게 구운 후 그릇에 담아주세요.
4. 달걀물은 식빵과 비슷한 크기로 모양을 잡아가며 구워주세요.
5. 식빵 위에 달걀부침을 올리고 설탕과 케첩을 취향껏 뿌린 뒤 다시 식빵을 덮어주면 완성!

재료

식빵 2장, 양배추 작은 것 1/4통(약 150g), 달걀 2개, 소금 1꼬집, 무염 버터 2조각, 케첩 약간, 설탕 약간

TIP

· 달걀물에 당근, 대파 등 채소를 추가해도 좋아요.
· 케첩, 설탕에 마요네즈나 머스터드를 추가해도 맛있어요.

요리 영상

배추겉절이 1.5인분 ⏱ 10분

만드는 법

1. 배추는 먹기 좋게 자른 뒤, 액젓 2큰술을 넣고 가볍게 버무려 5분 동안 절여주세요.

2. 살짝 절인 배추에 다진 마늘 1/2큰술, 고춧가루 2큰술, 설탕 1작은술을 넣고 잘 버무려주세요.

3. 마무리로 깨를 뿌리면 완성!

재료

배추 10장, 액젓 2큰술, 다진 마늘 1/2큰술, 고춧가루 2큰술, 설탕 1작은술, 깨 1/3큰술

TIP

· 액젓은 종류와 상관없이 사용 가능해요.

요리 영상

쫄면순두부 1.5인분 ⓘ 15분

만드는 법

1. 대파 1/2대와 양파 1/2개는 다지고, 마지막에 넣을 청양고추는 송송 썰어주세요.

2. 냄비에 식용유 3큰술, 돼지고기 다짐육, 다진 대파, 다진 양파, 다진 마늘 1큰술을 넣고 볶아주세요.

3. 돼지고기에서 기름이 나오기 시작하면 고춧가루 3큰술, 진간장 2큰술을 넣고 타지 않게 1분간 볶아주세요.

4. 물 400ml를 넣고 참치액 2큰술, 다시다 1/3큰술을 넣어준 후 순두부 1봉을 넣고 5분간 끓여주세요.

5. 마지막에 쫄면사리를 넣고 끓이다가 면이 거의 다 익으면 청양고추, 달걀을 넣고 달걀이 원하는 만큼 익으면 불을 끄고 후추를 뿌려주면 완성!

재료

순두부 1봉(350g), 쫄면사리 70g, 식용유 3큰술, 물 2컵(400ml), 돼지고기 다짐육 100g, 대파 1/2대, 양파 1/2개, 다진 마늘 1큰술, 청양고추 1~2개, 달걀 1개, 고춧가루 3큰술, 진간장 2큰술, 참치액(또는 멸치액젓) 2큰술, 다시다(또는 치킨스톡) 1/3큰술, 후추 약간

TIP

· 돼지고기 대신 베이컨이나 스팸을 으깨 넣어도 좋아요.

· 조미료의 양과 간은 입맛에 맞게 가감하세요.

· 쫄면사리는 손으로 비비거나 미지근한 물에 넣으면 잘 풀어져요.

요리 영상

굴무침 1.5인분 ⓣ 20분

 11월 17일

미리 준비해 주세요

생굴은 소금물(물 1L+소금 1큰술)에 살살 흔들어가며 간혹 있는 굴 껍데기와 이물질을 제거하고 두세 번 헹궈 세척한 뒤 체에 밭쳐 물기를 빼주세요. (헹굴 때도 소금물로 헹궈 주세요.)

만드는 법

1. 무는 나박 썰고, 통마늘은 편 썰고, 쪽파는 2cm 정도 크기로 잘라주세요.
2. 나박 썬 무는 소금 1/3큰술을 넣고 버무린 후 10분 정도 절여주세요.
3. 절인 무는 꽉 짜서 물기를 제거하고, 고춧가루 3큰술, 액젓 1큰술, 국간장 1큰술, 다진 마늘 1/3큰술, 올리고당 1/2큰술, 편 썬 마늘, 쪽파를 넣고 잘 버무려주세요.
4. 굴을 넣고 살살 섞어준 뒤 깨를 뿌리면 완성!

재료

생굴 300g, 무 200g, 통마늘 6개(생략 가능), 쪽파 5줄(생략 가능), 소금 1/3큰술, 고춧가루 3큰술, 액젓 1큰술, 국간장 1큰술, 다진 마늘 1/3큰술, 올리고당 1/2큰술, 깨 1/3큰술

TIP

- 매콤하게 먹고 싶다면 청양고추를 추가해 주세요.
- 취향에 따라 먹기 전에 참기름을 살짝 뿌려줘도 맛있어요.
- 액젓은 종류와 상관없이 사용 가능해요.

요리 영상

떡갈비 2.5인분 ⏱ 20분

2월
9일

만드는 법

1. 대파는 잘게 다지고, 소고기와 돼지고기는 키친타월로 가볍게 눌러 핏물을 제거해 주세요.
2. 양념장을 만들어주세요.
3. 소고기 다짐육, 돼지고기 다짐육, 찹쌀가루, 다진 대파, 만들어 둔 양념장을 넣고 잘 버무린 뒤 좋아하는 크기로 모양을 만들어주세요.
4. 식용유를 두른 프라이팬에 중약불 또는 약불로 타지 않게 익혀주면 완성!

재료

소고기 다짐육 300g, 돼지고기 다짐육 150g, 찹쌀가루(밀가루, 전분가루 등으로 대체 또는 생략 가능) 1큰술, 대파 흰 부분(약 1/4대)

* 양념장 재료

설탕 1.5큰술, 물엿(조청 또는 올리고당으로 대체 가능) 1큰술, 맛술 1큰술, 진간장 3큰술, 후추 약간, 다진 마늘 1큰술, 참기름 1큰술

TIP

- 뚜껑을 덮고 익히면 더 잘 익어요. 살짝 찔러봤을 때 맑은 육즙이 나오면 익은 거예요.
- 만들어 둔 떡갈비는 냉동실에 보관 후 하나씩 꺼내 먹어도 좋아요.
- 지방이 많은 소고기나 돼지고기는 섞지 않고 한 가지 종류만 사용하셔도 됩니다.

요리 영상

수육 2인분 ⏱ 1시간

11월
16일

만드는 법

1. 냄비에 물 2L를 넣고, 양파 1/2개와 대파 1/2대는 통으로 넣고, 된장 1큰술, 통후추를 넣은 후 5분간 끓여주세요.

2. 고기를 넣고 뚜껑을 연 채 센불로 10분간, 뚜껑을 덮고 중약불로 40분간 삶아주세요.

3. 먹기 좋게 썰어주면 완성!

TIP

- 껍질이 붙어있는 돼지고기는 잡내가 날 수 있어요.
- 돼지껍질, 고기 틈 사이, 지방 부분을 밀가루로 문질러서 5분 정도 둔 후 찬물에 씻어주면 잡내가 잡혀요.
- 다 삶은 고기를 찬물에 살짝 담갔다 빼주면 겉 기름이 제거되고 한 김 식어 자르기 편해요.

요리 영상

재료

삼겹살(또는 앞다리살) 500g, 물 10컵(2L), 된장 1큰술, 양파 1/2개, 대파 1/2대, 통후추 약간(생략 가능)

전자레인지달걀찜

1인분 10분

2월 10일

만드는 법

1. 전자레인지 용기에 달걀 2개, 물 200ml, 참치액 1큰술, 소금을 넣고 잘 풀어주세요.
2. 랩을 살짝만 덮거나 랩을 씌운 후 구멍을 뚫어, 전자레인지에 4분 돌려주세요.
3. 젓가락으로 찔러봤을 때 덜 익은 달걀물이 나오지 않으면 완성!

재료

달걀 2개, 물 1컵(200ml), 참치액 1큰술, 소금 약간, 참기름 1/2큰술(생략 가능)

TIP

- 참치액, 소금 대신 다시다 1/3큰술 또는 맛소금을 약간 넣어주면 사 먹는 맛이 나요.
- 마무리로 참기름을 살짝 뿌리면 더 고소하고 맛있어요.
- 용기의 70% 이상 담으면 달걀물이 넘칠 수 있으니 주의해주세요.
- 전자레인지는 800W 기준 4분이에요.

요리 영상

김치어묵국 2인분 ⏱ 20분

11월
15일

만드는 법

1. 김치와 어묵은 한입 크기로 먹기 좋게 썰고, 대파는 송송 썰어주세요.
2. 냄비에 물 800ml, 동전 육수 1개, 김치, 김칫국물 100ml, 국간장 1/2큰술, 액젓 1/2큰술, 고춧가루 1/3큰술, 다진 마늘 1/2큰술을 넣고 10분 끓여주세요.
3. 어묵을 넣고 5분 더 끓여주세요.
4. 대파를 넣고 한소끔 끓이면 완성!

재료

신김치 1컵(150g), 김칫국물 1/2컵(100ml), 어묵 2장, 대파 1/5대, 물 4컵(800ml), 동전 육수(또는 다시팩) 1개, 국간장 1/2큰술, 액젓 1/2큰술(또는 새우젓 1/3큰술), 고춧가루 1/3큰술, 다진 마늘 1/2큰술

TIP

· 액젓은 종류와 상관없이 사용 가능해요.

요리 영상

꼬막비빔밥 1.5인분 ⏱ 20분

미리 준비해 주세요

꼬막은 빈 껍데기를 제거한 후, 비벼가며 여러 번 씻어서 준비해 주세요.

만드는 법

1. 냄비에 물이 끓기 전 기포가 생기기 시작하면 꼬막, 소주 1잔을 넣고 한 방향으로 저어가며 꼬막의 1/3 정도가 입을 벌릴 때까지 삶아주세요.

2. 꼬막 삶은 물은 버리지 말고, 꼬막은 그대로 건져서 살을 바른 뒤 삶았던 물에 다시 헹궈주세요.

3. 믹싱볼에 꼬막살, 다진 마늘, 청양고추, 다진 쪽파, 양조간장, 멸치액젓, 고춧가루, 올리고당, 참기름, 깨를 넣고 잘 섞어주세요.

4. 접시 반쪽에 꼬막무침 2/3 정도를 담아내고 나머지는 밥에 비벼 접시에 올린 뒤 다시 한번 깨를 뿌려주면 완성!

재료

꼬막 1kg(손질 후 약 250g), 소주(소주잔으로) 1잔, 다진 마늘 1큰술, 청양고추 2개, 다진 쪽파(또는 부추) 3줌, 양조간장(또는 진간장) 2큰술, 멸치액젓 1큰술, 고춧가루 3큰술, 올리고당 1큰술, 참기름 1~2큰술, 깨 1큰술, 밥 1.5공기

TIP

・ 꼬막은 냉동 자숙꼬막살 또는 꼬막 통조림으로 대체 가능해요.

요리 영상

쪽파크림치즈베이글

1인분 ⏱ 15분

만드는 법

1. 베이글은 반으로 잘라주세요.

2. 베이컨은 잘게 썰고, 쪽파는 송송 썰어주세요.

3. 프라이팬에 베이컨을 노릇하게 구워준 뒤 키친타월로 기름을 제거해 주세요.

4. 크림치즈에 베이컨, 쪽파, 꿀, 후추를 넣고 잘 섞어주세요.

5. 베이글 위에 쪽파크림치즈를 바르고 베이글을 덮어주면 완성!

TIP

· 크림치즈는 만들기 전 실온에 꺼내두면 더 섞기 편해요.

· 바삭한 식감이 좋다면 토스트기, 프라이팬, 에어프라이어 등으로 베이글을 구워주세요.

· 베이글 대신 식빵에 발라 먹어도 맛있어요.

재료

베이글 1개, 베이컨 2줄, 쪽파 4줄, 크림치즈 100g, 꿀(올리고당 또는 물엿) 1큰술, 후추 약간

요리 영상

두부조림 2인분 ⓒ 15분

2월
12일

(만드는 법)

1. 양파 1/4개와 대파 1/3대는 다지고, 두부 1모는 큼직하게 자른 뒤 키친타월로 물기를 제거합니다.
2. 다진 양파와 다진 대파에 양념장을 넣고 섞어주세요.
3. 식용유를 두른 프라이팬에 두부를 올리고 앞뒤로 노릇노릇하게 구워주세요.
4. 두부에 양념장을 붓고 뒤집어가며 약불로 바짝 조려주세요.
5. 불을 끈 후 참기름 1큰술을 두르고 깨를 뿌리면 완성!

(재료)

큰 두부 1모(500g), 양파 1/4개, 대파 1/3대, 식용유 2큰술, 참기름 1큰술, 깨 약간

* 양념장 재료

고춧가루 1큰술, 진간장 3큰술, 참치액(멸치액젓 또는 국간장) 1큰술, 설탕 1작은술, 다진 마늘 1큰술, 물 1/2컵(100ml)

요리 영상

팽이버섯달걀덮밥 1인분 ⏱ 10분

11월
13일

요리 영상

만드는 법

1. 팽이버섯은 밑동을 잘라내 3~4등분으로 자르고, 대파 1/5대는 송송 썰어주세요.

2. 달걀 2개는 소금 1꼬집을 넣고 잘 풀어주세요.

3. 프라이팬에 식용유 2큰술을 두르고 대파를 볶다가 파기름이 나오면 달걀을 넣고 스크램블을 만들어주세요.

4. 팽이버섯, 굴소스 1큰술, 후추로 간을 한 뒤 볶아주세요.

5. 밥 위에 팽이버섯달걀볶음을 올려주면 완성!

재료

팽이버섯 1봉, 밥 1공기(200g), 대파 1/5대, 달걀 2개, 식용유 2큰술, 소금 1꼬집, 굴소스 1큰술, 후추 약간

애호박가스 1인분 ⏱ 15분

만드는 법

1. 애호박 2/3개를 둥글게 썰어준 후 소금 2꼬집을 뿌려주세요.
2. 달걀 1개에 소금 2꼬집을 넣고 풀어서 준비해 주세요.
3. 애호박을 밀가루, 달걀물, 빵가루 순으로 묻혀주세요.
4. 프라이팬에 식용유를 넉넉히 두르고 앞뒤 노릇노릇하게 튀기듯 구워주면 완성!

재료

애호박 2/3개, 달걀 1개, 소금 4꼬집, 밀가루(또는 부침가루) 1큰술, 빵가루 3줌

TIP

- 케첩이나 돈가스소스에 찍어 먹으면 맛있어요.

요리 영상

쪽파크림리조또 1인분 ⏱ 20분

11월 12일

만드는 법

1. 베이컨 3줄은 1cm 길이로 자르고, 양파 1/4개는 잘게 다지고, 쪽파 5줄은 송송 썰어주세요.

2. 프라이팬에 올리브유를 두르고 베이컨, 양파를 넣고 볶다가 노릇하게 익으면 다진 마늘 1/2큰술을 넣고 살짝 볶아주세요.

3. 밥 1공기, 우유 300ml를 넣고 끓여주세요.

4. 끓기 시작하면 체더치즈 1장을 넣고 적당히 졸여주세요.

5. 부족한 간은 치킨스톡 1/3큰술로 맞추고 쪽파, 후추를 넣고 잘 섞어준 뒤 불을 끄면 완성!

재료

밥 1공기, 베이컨 3줄, 양파 1/4개, 쪽파 5줄, 다진 마늘 1/2큰술, 올리브유(또는 무염버터) 3큰술, 우유(또는 생크림) 1.5컵(300ml), 체더치즈 1장, 치킨스톡(또는 참치액) 1/3큰술, 후추 약간

TIP

· 치킨스톡(또는 참치액)이 없다면 소금을 살짝 넣어줘도 좋아요.

· 쪽파가 느끼한 맛을 잡아주지만, 좀 더 매콤한 맛이 좋다면 청양고추나 페페론치노를 넣어주세요.

요리 영상

연유초콜릿 1.5인분 ⏱40분

만드는 법

1. 연유는 전자레인지에 30초간 데워주세요.

2. 코코아파우더를 두세 번에 나눠 체에 거른 후, 연유에 넣고 수제비 반죽하듯 반죽해 주세요.

3. 그릇이나 접시에 평평하게 펼친 뒤 랩을 씌워 냉동실에 30분간 굳혀줍니다.

4. 도마에 코코아파우더를 살짝 뿌리고 냉동실에 30분 굳힌 초콜릿을 올려, 먹기 좋게 자른 뒤 코코아파우더를 한 번 더 묻혀주면 완성!

TIP

- 쓰고 남은 연유는 연유커피나 연유토스트 등으로 활용할 수 있어요.

재료

연유 100g, 코코아파우더 60g(반죽 50g, 뿌리기 10g)

스팸김치찌개 2인분 ⓒ 25분

11월
11일

⚘⚘⚘
●●●□

요리 영상

만드는 법

1. 김치, 스팸, 두부는 먹기 좋게 자르고, 대파는 어슷 썰어주세요.

2. 냄비에 김치, 김칫국물 150ml, 설탕 1/2큰술을 넣고, 김치가 숨이 살짝 죽을 때까지 볶아주세요.

3. 물 500ml, 스팸, 고춧가루 1큰술을 넣고 중약불로 10분간 끓이다가 부족한 간은 국간장 1큰술, 액젓 1큰술로 맞춰주세요.

4. 마지막에 두부, 대파를 넣고 한소끔 끓이면 완성!

재료

신김치 2컵(350g), 김칫국물 150ml, 스팸 1캔(200g), 두부 1/2모(생략 가능), 대파 1/5대, 설탕 1/2큰술(생략 가능), 물 2.5컵(500ml), 고춧가루 1큰술, 국간장 1큰술, 액젓 1큰술

TIP

· 신맛이 강하면 설탕을 넣고, 신맛이 부족하면 식초를 넣어서 조절해 주세요.

콩나물불고기 2인분 ⏱ 20분

만드는 법

1. 콩나물은 씻어서 준비해 주세요.

2. 대파 1대는 반을 갈라 4~5cm 크기로 썰고, 양파 1/2개는 채 썰어주세요.

3. 양념장을 만들어주세요.

4. 프라이팬이나 웍에 콩나물, 양파, 대파, 대패삼겹살, 양념장 순으로 올리고 약불에서 중약불로 불을 켜주세요.

5. 콩나물에서 물이 나오기 시작하면 센불로 올려 대패삼겹살이 익을 때까지 빠르게 볶아주면 완성!

재료

콩나물 1봉(300g), 대패삼겹살 400g, 큰 양파 1/2개, 대파 1대

* 양념장 재료

고추장 3큰술, 고춧가루 3큰술, 진간장 3큰술, 설탕 1.5큰술, 다진 마늘 1.5큰술, 후추 약간, 맛술 2큰술

TIP

• 좁고 깊은 냄비를 사용하면 국물이 많이 생기니까 넓은 냄비나 프라이팬을 권장해요.

• 밑에 깔린 콩나물이 탈까봐 걱정된다면 소주잔 1잔 정도의 양으로 물을 넣어주어도 좋아요.

요리 영상

해물파전 1인분 ⏱ 20분

만드는 법

1. 쪽파는 프라이팬의 크기에 맞춰 자르고, 청양고추는 송송 썰고, 달걀은 살짝 풀어 주세요.

2. 냉동 해물은 흐르는 물 또는 옅은 소금물에 5분 정도 담가 해동 후, 끓는 물에 소금을 살짝 넣고 1분간 데쳐 물기를 제거해 주세요.

3. 부침가루 1/2컵과 물 100ml, 다진 마늘 1작은술을 섞어서 반죽물을 만들어주세요.

4. 프라이팬에 식용유를 넉넉히 두르고 쪽파를 올리고 반죽을 그 위에 뿌린 뒤 청양고추, 해물을 올려주세요.

5. 해물 위에 달걀물을 골고루 올리고 앞뒤로 노릇하게 부쳐주면 완성!

재료

쪽파 1줌(100g), 냉동 해물 1줌, 청양고추 1개, 달걀 1개, 식용유 3~4큰술, 소금 약간, 부침가루 1/2컵, 물 1/2컵(100ml), 다진 마늘 1작은술

TIP

• 냉동 해물 대신 오징어나 새우를 올려도 맛있어요.

요리 영상

감자달걀국 2인분 ⏱ 15분

만드는 법

1. 달걀 2개는 풀어두고, 감자 1개는 0.5cm 두께로 납작 썰고, 대파 1/4대는 송송 썰어서 준비해 주세요.

2. 냄비에 물 800ml, 감자, 참치액 1큰술, 국간장 1큰술, 다진 마늘 2/3큰술을 넣고 5분간 끓여주세요.

3. 감자가 익으면 다시다로 부족한 간을 맞추고 달걀물을 둘러주세요.

4. 달걀물은 바로 젓지 않고 20초 뒤 살짝 저어준 후, 대파를 넣어주세요.

5. 불을 끄고 후추를 약간 뿌리면 완성!

재료

달걀 2개, 감자 1개, 대파 1/4대, 물 4컵(800ml), 참치액(또는 멸치액젓) 1큰술, 국간장 1큰술, 다진 마늘 2/3큰술, 다시다(또는 치킨스톡) 1/3큰술, 후추 약간

TIP

• 다시다는 치킨스톡, 동전 육수, 다시팩 등으로 대체 가능하고, 아무것도 없다면 소금으로도 맛을 낼 수 있어요.

요리 영상

깍두기볶음밥 1인분 ⏱ 20분

11월
9일

만드는 법

1. 깍두기는 잘게 자르고, 스팸은 깍둑 썰고, 대파 1/4대는 송송 썰어주세요.

2. 식용유를 두르고 달걀프라이를 먼저 만들어서 빼두세요.

3. 프라이팬에 스팸, 대파를 넣고 볶다가, 깍두기, 깍두기 국물 3큰술, 물 4큰술, 설탕 1/3큰술을 넣고 졸여주며 볶아주세요.

4. 수분이 어느 정도 날아가면 밥 1공기를 넣고 잘 볶아주세요.

5. 접시에 깍두기볶음밥을 담고 달걀프라이를 올리면 완성!

TIP

· 스팸 대신 소시지를 사용해도 좋아요.

· 깍두기에 따라 싱거울 경우 진간장이나 다시다를 넣어 간해 주세요.

· 고소한 맛이 좋다면 마지막에 참기름이나 들기름을 살짝 넣고 볶아서 마무리해 주세요.

요리 영상

재료

밥 1공기(200g), 잘 익은 깍두기(또는 총각김치) 1컵, 스팸 1/2캔 (100g), 달걀 1개, 대파 1/4대, 식용유 3큰술, 깍두기 국물 3큰술, 물 4큰술, 설탕 1/3큰술

떠먹는치즈버거 1인분 ⏱10분

2월
17일

만드는 법

1. 토마토 1개를 먹기 좋게 잘라주세요.

2. 식용유를 살짝 두른 프라이팬에 소고기 다짐육을 올리고, 소금과 후추를 약간 뿌려 눌러가며 덩어리지게 앞뒤로 구워주세요.

3. 소고기가 거의 다 익으면 자른 토마토와 케첩 2큰술을 넣고 2분 정도 함께 볶아주세요.

4. 체더치즈를 올리고 치즈가 살짝 녹을 때까지만 더 익혀주세요.

5. 마지막으로 빵을 올려주면 완성!

재료

소고기 다짐육 100g, 식용유 2큰술, 소금 약간, 후추 약간, 토마토 1개 (또는 방울토마토 6개), 케첩 2큰술, 체더치즈 1~2장, 모닝빵, 파슬리(생략 가능)

TIP

· 모닝빵은 식빵, 바게트, 토르티야 등 다른 빵으로 대체 가능해요.

요리 영상

해물된장찌개 1.5인분 ⏱ 20분

11월
8일

만드는 법

1. 냉동 해물은 흐르는 물에 해동하거나 옅은 소금물에 5분 정도 해동한 뒤 물기를 빼주세요.

2. 애호박 1/3개, 양파 1/2개, 두부 1/3모는 한입 크기로 썰고, 대파 1/5대와 청양고추 1개는 송송 썰어주세요.

3. 냄비에 물 500㎖, 된장 1.5큰술, 고추장 1/2큰술을 넣고 끓여주세요.

4. 물이 끓기 시작하면 애호박, 양파, 다진 마늘, 고춧가루 1/3큰술을 넣고 5분 정도 끓여주세요.

5. 부족한 간은 액젓 1큰술을 넣어 맞추고, 두부, 해물, 대파, 청양고추를 넣고 3분 정도 더 끓이면 완성!

재료

냉동 해물 1줌, 애호박 1/3개, 양파 1/2개, 두부 1/3모, 대파 1/5대, 청양고추 1개, 된장 1.5큰술, 고추장 1/2큰술, 물 2.5컵(500㎖), 다진 마늘 1/3큰술, 액젓(또는 국간장) 1큰술, 고춧가루 1/3큰술

TIP

· 냉동 해물 대신 조개를 넣어도 좋아요.
· 설탕 1작은술을 넣어주면 된장의 텁텁한 맛이 잡혀요.

요리 영상

삼색소보로덮밥 1인분 ⏱15분

2월
18일

만드는 법

1. 달걀 2개에 소금 1꼬집을 넣고 잘 풀어준 후, 프라이팬에 식용유를 두르고 스크램블드에그를 만들어 그릇에 빼두세요.

2. 프라이팬에 소고기 다짐육, 진간장 1.5큰술, 맛술 1큰술, 설탕 1/2큰술을 넣고 고슬고슬하게 수분이 다 날아갈 때까지 잘 볶아주세요.

3. 밥 위에 스크램블드에그와 볶은 다짐육을 올리고, 자른 부추 1줌, 달걀노른자를 올리면 완성!

재료

소고기 다짐육 100g, 달걀 2개, 소금 1꼬집, 식용유 2큰술, 진간장 1.5큰술, 맛술 1큰술, 설탕 1/2큰술, 밥 1공기, 자른 부추 1줌, 달걀노른자 1개(생략 가능)

요리 영상

가지버터구이 1인분 ⊙10분

11월
7일

555
요리 영상

만드는 법

1. 쌈장 1큰술과 올리고당 1/3큰술을 잘 섞어주세요.

2. 가지 1개는 살짝 도톰하게 썰어주세요.

3. 프라이팬에 버터, 가지를 올리고 앞뒤로 노릇하게 구워주세요.

4. 구운 가지 위에 1을 올리고 가쓰오부시도 올려주면 완성!

재료

가지 1개, 쌈장 1큰술, 올리고당(또는 물엿) 1/3큰술, 무염버터 2조각
(20g), 가쓰오부시 1줌

달걀장조림 2.5인분 30분

2월 19일

만드는 법

1. 달걀 6개를 삶아서 껍질을 까주세요.
2. 냄비에 물 400ml, 간장 8큰술, 설탕 1큰술, 통마늘 8개, 삶은 달걀 6개를 넣고 중불로 15분간 끓여주세요.
3. 마지막에 물엿 1~2큰술을 넣고 한소끔 끓이면 완성!

재료

달걀 6개, 통마늘 8개(생략 가능), 물 2컵(400ml), 간장 8큰술, 설탕 1큰술, 물엿 1~2큰술

요리 영상

김무침

2인분 ⏱ 10분

만드는 법

1. 김을 마른 프라이팬에 약불로 바삭하게 구워주세요.
2. 구운 김은 봉지에 넣고 잘게 부숴주세요.
3. 양념장을 만들어주세요.
4. 그릇에 양념장과 김을 넣고 잘 무쳐주면 완성!

재료

김 10장

* 양념장 재료

진간장 2큰술, 국간장(또는 참치액) 1큰술, 다진 마늘 1작은술, 맛술 2큰술, 고춧가루 1큰술, 참기름 1큰술, 깨 1큰술, 대파(또는 쪽파) 1큰술

TIP

- 김은 곱창김, 김밥김, 파래김 등으로 사용 가능해요.
- 김의 두께에 따라 양념장의 양은 가감해 주세요.

요리 영상

팽이버섯전 1.5인분 ⏱ 10분

 **만드는 법**

1. 팽이버섯은 밑동을 잘라내고 가위나 칼로 잘게 잘라주세요.

2. 잘게 자른 팽이버섯에 달걀 2개, 참치액 1/2큰술을 넣고 잘 섞어주세요.

3. 식용유를 두른 프라이팬에 **2**를 한 숟가락씩 떠서 올려 중약불로 노릇하게 구워내면 완성!

재료

팽이버섯 1봉(150g), 달걀 2개, 참치액 1/2큰술(소금 2~3꼬집으로 대체 가능), 식용유 3큰술

 TIP

· 초간장이나 케첩에 찍어 먹으면 맛있어요.

얼큰소고기뭇국 2인분 ⏱ 35분

만드는 법

1. 무는 어슷 썰고, 대파 1/3대는 반 갈라 4~5cm 길이로 썰어주세요.

2. 냄비에 물 4큰술, 무, 소고기를 넣고 볶다가, 고기의 겉면이 익기 시작하면 고춧가루 3큰술을 넣고 약불로 볶아주세요.

3. 고춧가루 색이 골고루 입혀지면 물 500ml, 국간장 2큰술, 참치액 1큰술을 넣고 중약불로 10분간 끓여주세요.

4. 대파, 다진 마늘 1큰술, 물 500ml, 후추 추가 후 10분간 더 끓여주세요.

5. 마지막에 물 300ml, 참치액 1큰술, 진간장 1큰술로 간을 해주면 완성!

TIP

· 콩나물을 추가로 넣어도 맛있어요.

· 가스레인지(또는 인덕션)의 화력마다 졸아드는 물의 양이 다를 수 있어요.

· 마지막에 넣는 물로 원하는 국물의 양을 맞추고 부족한 간을 더 하면 돼요.

요리 영상

재료

소고기 250g, 무 300g, 대파 1/3대, 물 6.5컵(1.3L), 다진 마늘 1큰술, 고춧가루 3큰술, 국간장 2큰술, 참치액 2큰술, 진간장 1큰술, 후추 약간

감자샌드위치 1인분 ⏱ 15분

2월
21일

업그레이드 버전은 5월 28일 감자샐러드를 참고해 주세요.

만드는 법

1. 감자 2개는 깨끗이 씻은 후 껍질을 벗겨 4등분으로 잘라주세요.

2. 전자레인지 용기에 감자, 물 1.5큰술을 넣고 랩을 씌워 전자레인지에 5분간 익혀주세요.

3. 다 익은 감자에 설탕 1/2작은술, 소금 2꼬집을 넣고, 뜨거울 때 으깬 후 한 김 식혀주세요.

4. 한 김 식은 감자에 마요네즈 2큰술과 후추를 약간 넣고 잘 섞어주세요.

5. 식빵 위에 감자샐러드를 올리고 다시 식빵으로 덮어주면 완성!

TIP

- 간단 버전이에요. 업그레이드 버전은 5월 28일 감자샐러드를 참고해 주세요.
- 기본 감자샐러드를 더 부드럽게 만들고 싶다면 버터나 우유를 약간 넣고 만들어주세요.

요리 영상

재료

식빵 2장, 감자 중간 크기 2개, 물 1.5큰술, 설탕 1/2작은술, 소금 2꼬집, 마요네즈 2큰술, 후추 약간

배추전

1인분 ⏱ 15분

만드는 법

1. 초간장을 만들어주세요.

2. 배추는 깨끗이 씻은 후 칼등으로 두드려 펴주세요.

3. 부침가루와 물을 1:1 비율로 반죽해 주세요.

4. 배추를 반죽에 골고루 묻힌 뒤 식용유를 넉넉히 두른 프라이팬에 중약불로 노릇노릇하게 구워주면 완성!

재료

배추 5장, 부침가루 1/2컵, 물 1/2컵(100ml), 식용유 3~4큰술

* 초간장 재료

진간장(또는 양조간장) 1큰술, 식초 1큰술, 물 1큰술

요리 영상

고추장소불고기 2인분 ⏱ 15분

만드는 법

1. 불고기용 소고기는 키친타월로 닦아 핏물을 제거해 주세요.

2. 양파 1/2개는 두껍게 채 썰고, 대파 1/2대는 송송 썰어주세요.

3. 양념장을 만들어주세요.

4. 달궈진 프라이팬에 식용유를 두르고 불고기용 소고기를 볶다가 반쯤 익으면 양파, 대파, 양념장을 넣고 중강불로 볶아주세요.

5. 마지막에 센불로 1~2분 정도 바싹 볶아주면 완성!

재료

불고기용 소고기 350~400g, 식용유 2큰술, 양파 1/2개, 대파 1/2대

* 양념장 재료

고추장 1큰술, 진간장 2큰술, 맛술 2큰술, 고춧가루 1.5큰술, 다진 마늘 1/2큰술, 설탕 1큰술, 참기름 1/2큰술, 후추 약간

요리 영상

갈치조림 2인분 ⏱ 35분

11월 3일

미리 준비해 주세요

갈치는 칼로 은색 비늘을 살살 긁어 손질한 뒤 깨끗하게 세척해 주세요.

만드는 법

1. 무는 1cm 두께로 썰고 대파 1/3대는 어슷 썰어주세요.
2. 냄비에 무를 넣고 물 500ml를 부어준 뒤 뚜껑을 덮고 15분간 끓여주세요.
3. 양념장을 만들어주세요.
4. 무 위에 갈치, 대파를 올리고 양념장을 부어 뚜껑을 열고 끓여주세요.
5. 15분 정도 조려주면 완성!

재료

손질 갈치 4~5토막, 무 250g, 대파 1/3대, 물(또는 쌀뜨물) 2.5컵 (500ml)

* 양념장 재료

고춧가루 3큰술, 진간장 3큰술, 국간장 1큰술, 참치액 1큰술, 다진 마늘 1큰술, 다진 생강 1작은술, 맛술 2큰술

TIP

- 칼칼하게 먹고 싶다면 청양고추를 넣거나 매운 고춧가루를 섞어주세요.
- 4번 과정에서 물이 많이 졸아들었다면 갈치가 반 정도 잠길 만큼 물을 추가해 주세요.

요리 영상

강된장 2인분 ⏱ 15분

만드는 법

1. 양파 1/2개, 애호박 1/3개, 표고버섯 4개, 청양고추 1개는 모두 잘게 썰고 두부 1/2 모는 깍둑 썰어주세요.

2. 냄비에 식용유 2큰술을 두르고 양파, 애호박, 표고버섯을 살짝 볶다가, 양파가 투명해지면 된장 3큰술을 넣고 1분 정도 볶아주세요.

3. 물 200ml를 넣고 다진 마늘 1/2큰술, 고춧가루 1/2큰술, 청양고추, 두부를 넣고 좋아하는 농도가 될 때까지 졸여주면 완성!

TIP

· 표고버섯은 느타리버섯, 새송이버섯 등 좋아하는 버섯으로 대체 가능해요.

· 멸치, 새우, 우렁이, 바지락살을 넣으면 더 맛있어요. (이때 재료의 양에 따라 물을 조절해 주세요.)

· 레시피에는 시판 재래식 된장을 사용했으나, 된장마다 짠 정도가 다르니 양을 조절해 주세요.

· 된장이 텁텁할 때 설탕 1작은술 정도 넣으면 맛이 잡혀요.

재료

양파 1/2개, 애호박 1/3개, 표고버섯 4개, 두부 1/2모, 청양고추 1개, 식용유 2큰술, 된장 3큰술, 다진 마늘 1/2큰술, 고춧가루 1/2큰술, 물 1컵 (200ml)

요리 영상

무생채비빔밥 1인분 ⏱ 15분

11월
2일

만드는 법

1. 무는 얇게 채 썰어주세요.
2. 그릇에 채 썬 무와 액젓 1큰술을 넣고 버무린 후 5분 정도 절여주세요.
3. 절이는 동안 달걀프라이 1개를 만들어주세요.
4. 절인 무에 고춧가루 2/3큰술, 다진 마늘 1/3큰술을 넣고 버무려주세요.
5. 밥에 무생채, 달걀프라이를 올려주면 완성!

재료

무 100g, 밥 1공기(200g), 달걀 1개, 액젓 1큰술, 고춧가루 2/3큰술, 다진 마늘 1/3큰술

TIP

· 밥에 비벼 먹는 무생채라 살짝 짭짤하게 간해도 좋아요.
· 액젓은 종류와 상관없이 사용 가능해요.

요리 영상

애호박참치전 1인분 ⏱ 10분

만드는 법

1. 애호박 2/3개는 얇게 채 썰어주세요.

2. 믹싱볼에 채 썬 애호박, 참치캔 1개, 달걀 1개, 부침가루 1큰술을 넣고 잘 섞어주세요.

3. 프라이팬에 식용유를 두르고 중약불로 노릇노릇하게 부쳐주면 완성!

재료

애호박 2/3개, 참치캔 1개(100g), 달걀 1개, 부침가루(또는 밀가루) 1큰술, 식용유 3큰술

 TIP

· 케첩에 찍어 먹으면 맛있어요.

요리 영상

배추된장국 2인분 ⏱ 25분

11월 1일

1. 무는 나박 썰고, 배추는 한입 크기로 썰고, 대파는 어슷 썰어주세요.
2. 냄비에 물 1L, 동전 육수 2개, 무, 된장 2.5큰술을 넣고 10분간 끓여주세요.
3. 배추, 다진 마늘 2/3큰술, 고춧가루 1/2큰술, 대파, 액젓 1/2큰술을 넣고 10분간 끓이면 완성!

재료

배추 8장, 무 100g, 대파 1/3대, 물 5컵(1L), 된장 2.5큰술, 동전 육수 (또는 다시팩) 2개, 다진 마늘 2/3큰술, 고춧가루 1/2큰술, 액젓(또는 국간장) 1/2큰술

TIP

· 액젓은 종류와 상관없이 사용 가능해요.

요리 영상

참치김치덮밥 1인분 ⏱ 10분

만드는 법

1. 신김치는 가위로 잘게 썰고, 양파 1/4개는 채 썰어주세요.

2. 프라이팬에 식용유를 두르고 신김치 1컵을 넣고 2~3분 정도 볶다가 채 썬 양파, 설탕 1/2큰술, 고춧가루 1/2큰술, 진간장 1/2큰술을 넣고 볶아주세요.

3. 물 7큰술, 김칫국물 2큰술을 넣은 후 끓으면 기름 뺀 참치캔 1개를 넣고 센불로 볶아주세요.

4. 참기름 1/2큰술을 넣고 깨를 약간 뿌린 뒤 밥 위에 올려주면 완성!

재료

참치캔 1개(100g), 신김치 1컵(150g), 김칫국물 2큰술, 양파 1/4개, 식용유 2큰술, 설탕 1/2큰술(또는 올리고당 1큰술), 고춧가루 1/2큰술, 진간장 1/2큰술, 물 7큰술, 참기름 1/2큰술, 깨 약간, 밥 1공기

TIP

· 달걀프라이를 올려 먹으면 더 맛있어요.

· 설탕은 신맛을 잡아줘요. 김치가 익은 정도에 따라 설탕의 양은 조절해 주세요.

요리 영상

11월

11월의 제철 재료

배추

한국을 대표하는 음식에 빠질 수 없는 김치의 주재료인 배추는 수분을 비롯해 칼슘과 칼륨, 비타민과 식이섬유 등 영양소가 풍부한 채소입니다. 잎이 꽉 차 묵직하고 겉잎은 짙은 초록색을 띠고 속잎은 노란색을 띠는 것을 골라야 해요. 배추는 쌈채소, 무침, 볶음, 전, 국물 요리 등에 다양하게 활용할 수 있어요.

무

가을 무는 보약이라 불릴 정도로 맛과 영양소가 풍부해요. 여름 무는 매운 반면 가을 무는 달고 아삭해서 맛있어요. 초록색이 많고 단단하고 묵직하며 표면에 잔털이 적은 것을 골라야 해요. 무를 냉장 보관할 때는 무에 바람이 들지 않게 신문지로 돌돌 감싸 보관하는 것이 좋습니다. 무는 생채, 김치, 깍두기, 조림, 전, 무말랭이 등 다양하게 활용할 수 있어요.

표고버섯전 1인분 ⏱ 10분

2월
26일

만드는 법

1. 표고버섯 3개를 얇게 썰어주세요.

2. 달걀 2개에 소금 1꼬집을 넣고 잘 풀어주세요.

3. 달걀물에 표고버섯과 다진 쪽파 1줌을 넣고 잘 섞어주세요.

4. 프라이팬에 식용유를 두르고 표고버섯을 젓가락으로 1~2개씩 올린 뒤 중불로 노릇노릇하게 부치면 완성!

재료

표고버섯 3개, 달걀 2개, 소금 1꼬집, 다진 쪽파 1줌(대파로 대체 또는 생략 가능), 식용유 3큰술

요리 영상

달고나토스트 1인분 ⏱ 10분

10월 31일

1. 전자레인지 용기에 버터 3조각을 넣고 전자레인지에 30초 정도 돌려서 녹여주세요.

2. 녹인 버터에 설탕 2큰술을 넣고 섞어주세요.

3. 식빵 위에 2를 발라주세요.

4. 2를 바른 면이 아래로 가도록 프라이팬에 두고 약불로 구워주세요.

5. 아랫면이 구워지는 동안 윗면에도 2를 바르고 뒤집어가며 구워주면 완성!

재료

식빵 2장, 무염버터 3조각(30g), 설탕 2큰술

TIP

• 살짝 식힌 뒤 먹어야 바삭해요.

요리 영상

미역줄기볶음 2.5인분 ⏱ 15분

미리 준비해 주세요

염장 미역줄기는 여러 번 헹궈 씻은 뒤 20분 정도 찬물에 담가 짠맛을 빼주세요.

만드는 법

1. 짠맛을 뺀 미역줄기는 먹기 좋게 자르고 양파 1/4개는 채 썰어주세요.

2. 프라이팬에 식용유를 두르고 다진 마늘 1큰술을 넣고 볶다가 마늘 향이 나기 시작하면 미역줄기를 넣고 볶아주세요.

3. 미역줄기가 부드러워지면 채 썬 양파, 국간장 1큰술을 넣고 양파가 익을 때까지 볶아주세요.

4. 마지막에 불을 끈 후 참기름 1큰술, 깨 1/2큰술을 넣고 살짝 섞어주면 완성!

재료

염장 미역줄기 1팩(300g), 양파 1/4개, 식용유 2큰술, 다진 마늘 1큰술,
국간장(또는 참치액) 1큰술, 참기름 1큰술, 깨 1/2큰술

요리 영상

해물볶음우동 1인분 ⏱ 15분

미리 준비해 주세요

냉동 해물은 흐르는 물 또는 옅은 소금물에 5분 정도 담가 해동한 뒤 물기를 빼주세요.
우동면은 데친 뒤 찬물에 헹궈주세요.

만드는 법

1. 대파, 양파, 당근은 모두 비슷한 크기로 채 썰고, 양배추는 한입 크기로 썰어주세요.

2. 식용유를 두른 프라이팬에 대파, 당근을 넣고 볶다가 양파, 양배추를 넣고 살짝 볶아줍니다.

3. 다진 마늘, 고춧가루를 넣고 타지 않게 볶다가, 해동한 해물을 넣고 볶아주세요.

4. 데친 우동면을 넣고 진간장 1큰술, 굴소스 1.5큰술, 물 3큰술을 넣고 볶아주세요.

5. 마무리로 참기름, 후추를 살짝 넣어주면 완성!

재료

우동면 1인분, 냉동 해물 2줌, 양배추 작은 것 1/8개(80g), 대파 1/4대, 양파 1/2개, 당근 1/4개, 다진 마늘 1/2큰술, 고춧가루 1/2큰술, 진간장 1큰술, 굴소스 1.5큰술, 물 3큰술, 참기름 약간, 후추 약간

TIP

- 채소의 양에 따라서 굴소스 양은 가감해 주세요.
- 채소는 양배추, 양파 정도만 넣어도 좋아요.
- 가쓰오부시를 올려주면 더 맛있어요.

요리 영상

라이스페이퍼소떡소떡 1.5인분 ⓒ 15분

2월
28일

(만드는 법)

1. 미지근한 물에 적신 라이스페이퍼 2장을 이어 붙인 후, 그 위에 비엔나소시지를 2개씩 올려 돌돌 말아주세요. (반복해 주세요.)

2. 나무꼬치 2개를 꽂은 뒤에 비엔나 사이를 칼이나 가위로 잘라주세요.

3. 식용유를 넉넉히 두른 프라이팬에 앞뒤로 노릇노릇하게 구워주세요.

4. 양념장을 만든 후, 랩을 씌워 전자레인지에 1분 30초 동안 돌려주세요.

5. 잘 구워진 소떡소떡에 양념을 골고루 바르고 깨를 뿌리면 완성!

(재료)

라이스페이퍼 4장, 비엔나소시지 12개, 나무꼬치 2개(생략 가능)

* 양념장 재료

고추장 2/3큰술, 케첩 3큰술, 고춧가루 1/2큰술, 물엿(올리고당 또는 조청으로 대체 가능) 2큰술, 설탕 1큰술, 간장 1/2큰술, 물 1큰술, 깨 1/3 큰술(생략 가능)

요리 영상

참치김치볶음밥 1인분 ⏱15분

10월
29일

만드는 법

1. 김치는 가위로 잘게 자르고, 대파 1/5대는 송송 썰고, 참치는 기름을 빼주세요.

2. 프라이팬에 식용유를 둘러 달걀프라이 하나를 먼저 만들어서 빼두고, 대파를 볶아주세요.

3. 대파 기름이 생기면 자른 김치, 설탕 1/3큰술, 고춧가루 1/2큰술, 진간장 1/2큰술을 넣고 볶아주세요.

4. 김치가 적당히 볶아졌으면 참치를 넣고 볶아주세요.

5. 밥을 넣고 잘 섞어가며 볶아준 뒤 그릇에 담고 달걀프라이를 올리면 완성!

재료

참치캔 1개(100g), 신김치 1컵(150g), 밥 1공기, 달걀 1개, 대파 1/5대,
식용유 2큰술, 설탕 1/3큰술, 고춧가루 1/2큰술, 진간장 1/2큰술

요리 영상

3월

3월의 제철 재료

냉이

쌉쌀한 맛과 특유의 향이 있는 냉이는 단백질 함량이 높고 비타민과 무기질이 많아 기력 회복에 도움을 줍니다. 잎과 줄기가 작은 어린 냉이를 골라야 해요. 뿌리는 너무 단단하지 않고 잔털이 적은 것이 좋습니다. 냉장고에 보관할 때는 흙이 묻은 상태에서 키친타월로 감싸 비닐팩에 담아 보관해 주세요. 된장국, 된장찌개, 무침, 전 등으로 요리해 먹어요.

취나물

'산나물의 왕'으로 불리는 취나물은 비타민과 무기질이 풍부해요. 취나물에는 수산이라는 성분이 있어 생으로 먹으면 결석을 유발할 수 있으니 꼭 데쳐서 섭취해야 합니다. 잎이 밝은 연녹색을 띠고 뒷면에 윤기가 흐르고 부드러운 것을 골라야 해요. 취나물은 주로 나물로 먹는데 고추장, 된장, 국간장 등 어느 양념과도 잘 어울려 다양하게 무쳐 먹을 수 있어요.

달걀볶이

1.5인분 25분

10월 28일

만드는 법

1. 끓는 물에 달걀을 넣고 10분간 삶아준 뒤 찬물에 식히고 껍질을 까주세요.
2. 냄비에 물 200ml, 고춧가루 1큰술, 설탕 1큰술, 고추장 1큰술, 진간장 1큰술, 물엿 1큰술을 넣고 끓여주세요.
3. 달걀을 넣고 조려주면 완성!

재료

달걀 4~6개, 물 1컵(200ml), 고춧가루 1큰술, 설탕 1큰술, 고추장 1큰술, 진간장 1큰술, 물엿 1큰술

TIP

- 달걀볶이는 냉장고에 두고 반찬처럼 먹어도 좋아요.

요리 영상

카레우동 1인분 ⏱ 15분

만드는 법

1. 대파 1/2대는 길게 어슷 썰고, 양파 1/6개는 채 썰어서 준비합니다.

2. 냄비나 웍에 고기를 먼저 볶다가 익으면 건져내고, 기름을 살짝 닦아낸 후 대파와 양파를 넣고 한쪽 면이 색이 나도록 구워주세요.

3. 물 300ml와 쯔유 2큰술을 넣고 센불로 3분간 끓이다가 잠시 불을 끈 후 고형카레 1조각을 넣고 잘 녹여주세요.

4. 전분가루 1/3큰술과 물 2큰술을 섞어 전분물을 만든 후, 넣고 저어가며 끓여서 농도를 맞춰주세요.

5. 우동면사리는 끓는 물에 살짝 데치고, 카레를 붓고 달걀노른자를 올리면 완성!

재료

우삼겹 또는 대패삼겹 1줌(약 60g), 대파 1/2대, 양파 1/6개, 우동면사리 1개, 고형카레 1조각, 물 1.5컵(300ml), 쯔유 2큰술, 전분물(전분가루 1/3큰술+물 2큰술), 달걀노른자 1개(생략 가능)

TIP

· 쯔유는 제품마다 염도가 다르니 입맛에 맞게 가감해 주세요.

요리 영상

잔치국수 1인분 ⓘ 20분

10월
27일

1. 당근 1/6개, 어묵 1장, 양파 1/4개, 애호박 1/5개는 채 썰어주세요.

2. 소면 1인분을 끓는 물에 3~4분간 삶은 뒤 찬물로 전분기를 씻어내고 물기를 빼주세요.

3. 냄비에 물 500ml를 붓고 동전 육수 2개, 참치액 1큰술, 당근, 어묵, 양파를 넣고 끓여주세요.

4. 채소가 거의 다 익었으면 달걀 1개를 풀어서 넣어주세요.

5. 그릇에 삶은 소면을 넣고 육수를 부어준 후 후추를 뿌리면 완성!

재료

소면 1인분(동전 500원 크기), 달걀 1개, 당근 1/6개(생략 가능), 어묵 1장(생략 가능), 양파 1/4개, 애호박 1/5개, 물 2.5컵(500ml), 동전 육수 2개, 참치액(또는 국간장) 1큰술, 후추 약간

요리 영상

매콤양배추참치덮밥 1인분 ⏱ 10분

3월 2일

만드는 법

1. 양배추 1/4개, 양파 1/4개, 청양고추 1개는 먹기 좋게 잘라주세요.

2. 프라이팬에 식용유를 두르고 다진 마늘 1/2큰술, 양배추, 양파, 청양고추를 넣고 볶아주세요.

3. 반 정도 익으면 고춧가루 1큰술, 진간장 1큰술, 고추장 1/2큰술, 설탕 1/2큰술을 넣고 볶다가 기름 뺀 참치캔 1개를 넣고 살짝 볶은 뒤 깨를 약간 뿌려 마무리합니다.

4. 밥 위에 양배추참치볶음을 올리고 참기름 1/2큰술을 뿌리면 완성!

재료

양배추 작은 것 1/4개(150g), 참치캔 1개(100g), 양파 1/4개, 청양고추 1개(생략 가능), 식용유 2큰술, 다진 마늘 1/2큰술, 고춧가루 1큰술, 진간장 1큰술, 고추장 1/2큰술, 설탕 1/2큰술, 깨 약간, 밥 1공기, 참기름 1/2큰술

TIP

• 달걀프라이와 함께 먹으면 더 맛있어요.

요리 영상

낙지젓갈볶음밥 <small>1인분 ⏱ 10분</small>

10월
26일

만드는 법

1. 프라이팬에 달걀프라이를 하나 만들어서 빼두고, 대파 1/3대는 송송 썰어 잘 볶아주세요.

2. 대파 향이 나기 시작하면 낙지젓갈 2큰술을 넣고 볶다가 밥 1공기를 넣고 잘 섞어가며 볶아주세요.

3. 마지막에 참기름과 깨를 살짝 뿌리고 한 번 더 섞어주세요.

4. 낙지젓갈볶음밥 위에 달걀프라이를 올리면 완성!

재료

밥 1공기(200g), 낙지젓갈(또는 오징어젓갈) 2큰술, 달걀 1개, 대파 1/3대, 식용유 2큰술, 참기름 약간, 깨 약간

요리 영상

진미채볶음 2.5인분 ⓘ 15분

3월
3일

만드는 법

1. 진미채는 먹기 좋게 잘라 맛술 2큰술을 넣고 버무려주세요.

2. 1을 전자레인지에 1분간 가열한 후 식으면 마요네즈 1큰술을 넣고 버무려주세요.

3. 프라이팬이나 웍에 물 3큰술, 진간장 1큰술, 설탕 1/2큰술, 고춧가루 1/2큰술, 고추장 1.5큰술을 넣고 잘 섞어준 후 약불로 끓여주세요.

4. 끓기 시작하면 버무려둔 진미채를 넣고 재빠르게 섞어준 후 불을 끄고 물엿 1큰술을 넣어 버무려줍니다. (이때 오래 볶으면 안 돼요.)

5. 마무리로 깨를 뿌려주면 완성!

재료

진미채 150g, 맛술 2큰술, 마요네즈 1큰술, 물 3큰술, 진간장 1큰술, 설탕 1/2큰술, 고춧가루 1/2큰술, 고추장 1.5큰술, 물엿 1큰술, 깨 1큰술

요리 영상

순두부김국 <small>1.5인분 ⏱ 10분</small>

만드는 법

1. 마른 프라이팬에 김을 구워준 뒤 잘게 찢어주세요. (조미김의 경우 생략해요.)
2. 냄비에 물 700ml, 순두부 1봉을 먹기 좋게 잘라 넣고, 국간장 1큰술, 참치액 1큰술, 다진 마늘 1/2큰술, 김을 넣고 끓여주세요.
3. 김이 다 풀어졌으면 불을 끄고 후추, 참기름 1/2큰술을 뿌리면 완성!

TIP

· 달걀을 풀어서 넣어도 맛있어요.
· 동전 육수 1개를 추가해도 좋아요. 이때 국간장과 참치액 양은 살짝 줄여주세요.

요리 영상

재료

김 2장(또는 조미김 2봉), 물 3.5컵(700ml), 순두부 1봉, 국간장 1큰술, 참치액 1큰술, 다진 마늘 1/2큰술, 참기름 1/2큰술, 후추 약간

양배추샤브샤브 1인분 ⏱ 10분

3월 4일

(만드는 법)

1. 양배추는 얇게 채 썰어서 물에 5분 정도 담가주세요.

2. 냄비에 물 500ml, 동전 육수 1개, 쯔유 2큰술을 넣고 끓여 육수를 만들어주세요.

3. 소스를 만들어주세요.

4. 육수에 양배추와 고기를 넣고 익히면 완성!

(재료)

양배추 작은 것 1/4개(150~200g), 샤브샤브용 고기 2줌, 물 2.5컵 (500ml), 동전 육수(또는 다시팩) 1개, 쯔유 2큰술

* 소스 재료(참소스로 대체 가능)
양조간장 1큰술, 식초 1큰술, 설탕 1큰술, 물 1큰술

TIP

· 샤브샤브용 고기로 차돌박이, 목심, 불고기, 우삼겹 등 모두 괜찮아요.

· 시판 장국 소스나 샤브샤브용 소스에 찍어 먹어도 좋아요.

· 멸치칼국수라면의 스프를 육수로, 면을 사리로 먹어도 좋아요.

요리 영상

버터간장소시지덮밥 1인분 ⏱10분

10월
24일

요리 영상

만드는 법

1. 프라이팬에 식용유를 둘러 비엔나소시지를 굽고, 달걀프라이 1개를 만들어주세요.

2. 밥 위에 비엔나소시지, 달걀프라이를 올려주세요.

3. 프라이팬에 버터를 넣고(약불) 버터가 끓기 시작하면 진간장을 1큰술을 넣은 후 살짝만 끓여주세요.

4. 밥 위에 3을 뿌리면 완성!

재료

밥 1공기, 달걀 1개, 비엔나소시지 6~8개, 식용유 2큰술, 무염버터 2조각(20g), 진간장 1큰술

TIP

· 버터에 간장을 살짝 끓여서 풍미가 올라가요.

· 간장은 금방 타고 오래 끓이면 짜기 때문에, 살짝 끓어오르면 바로 불을 꺼주세요.

카레볶음밥 1인분 ⏱ 10분

3월
5일

1. 대파 1/2대는 잘게 썰고, 통마늘 5알은 편 썰어주세요.

2. 프라이팬에 식용유를 두르고 대파와 통마늘을 넣고 볶다가, 향이 나기 시작하면 한쪽으로 밀고 달걀 1개를 넣은 후 스크램블드에그를 만들어서 섞어주세요.

3. 밥 1공기를 넣고 잘 섞다가 카레가루 1~2큰술로 간을 맞추고 고슬고슬하게 볶아 주세요.

4. 달걀프라이를 올려주면 완성!

TIP

- 달걀 2개를 모두 스크램블드에그로 넣어도 좋아요.
- 고형카레의 경우 1조각을 잘게 자른 뒤 뜨거운 물로 녹여서 사용할 수 있어요.

요리 영상

재료

대파 1/2대, 통마늘 5알(생략 가능), 식용유 2큰술, 달걀 2개, 밥 1공기, 키레가루 1~2큰술

새우젓무침 2.5인분 ⏱ 10분

10월 23일

만드는 법

1. 대파와 청양고추 1개는 다져주세요.

2. 새우젓 3큰술을 체에 밭쳐 물로 살짝 헹군 뒤 숟가락으로 눌러 물기를 빼주세요.

3. 새우젓에 다진 대파, 다진 청양고추, 다진 마늘 1/2큰술, 고춧가루 1큰술, 식초 1/2 큰술, 참기름 1큰술, 깨를 넣고 무쳐주면 완성!

재료

새우젓 3큰술, 대파 아주 조금, 청양고추 1개(생략 가능), 다진 마늘 1/2큰술, 고춧가루 1큰술, 식초 1/2큰술, 참기름 1큰술, 깨 약간

TIP

• 새우젓무침은 물밥에 올려 반찬으로 먹거나 고기와 함께 먹으면 맛있어요.

• 단맛을 내고 싶다면 설탕 1/2큰술을 넣어주세요.

요리 영상

스팸땡초볶음 2인분 ⏱15분

3월
6일

만드는 법

1. 스팸은 비닐에 넣어 으깨고, 청양고추 12개는 잘게 다져주세요.

2. 프라이팬에 식용유를 두르고 으깬 스팸을 넣고 볶아주세요.

3. 스팸이 살짝 노릇해지기 시작하면 청양고추, 다진 마늘 1/2큰술, 진간장 1.5큰술, 굴소스 1/2큰술, 올리고당 1/2큰술을 넣고 볶으면 완성!

재료

스팸 1캔(200g), 청양고추 12개, 식용유 2큰술, 다진 마늘 1/2큰술, 진 간장 1.5큰술, 굴소스 1/2큰술, 올리고당 1/2큰술

TIP

• 스팸땡초볶음은 밥에 넣고 섞은 후 김밥을 말아서 마요네즈에 찍어 먹거나, 달걀프라이 하나를 올려 덮밥으로 먹어도 좋아요.

요리 영상

닭곰탕

2인분 ⏱ 50분

10월
22일

미리 준비해 주세요

당면은 찬물이나 미지근한 물에 30분 이상 불려주세요.

만드는 법

1. 냄비에 닭고기, 물 1L, 양파 1/2개, 대파 2/3대, 통마늘을 넣고 뚜껑을 연 채 센불로 10분간 끓인 후 뚜껑을 덮고 중약불로 25분간 끓여주세요.

2. 나머지 대파 1/3대는 송송 썰고, 무는 나박 썰고 양념장을 만들어주세요.

3. 25분 뒤 닭고기와 육수 낸 재료들을 건져내고 나박 썬 무와 물을 추가로 부어 국물 양을 맞춘 뒤 소금으로 간을 해주세요.

4. 건져낸 닭고기는 먹기 좋게 찢어주세요.

5. 무가 다 익으면 닭고기와 불린 당면을 넣고 3분 더 끓인 뒤 그릇에 담고 취향껏 대파와 양념장을 올리면 완성!

재료

닭다리 1팩(350~400g), 물 5컵(1L), 양파 1/2개, 대파 1대, 통마늘 6~8알 (또는 다진 마늘 1큰술), 무 100g(생략 가능), 당면 30g(생략 가능), 소금 약간

* 양념장 재료(생략 가능)

고춧가루 2큰술, 국간장 1큰술, 물 1큰술, 다진 마늘 1/2큰술, 후추 약간

요리 영상

에그마요샌드위치 1인분 ⏱ 5분

만드는 법

1. 전자레인지 용기에 달걀 3개를 담은 후 노른자를 터트리고 살짝 섞어주세요.

2. 1에 랩을 가볍게 씌워 전자레인지에 1분 30초 동안 돌린 후, 한 번 섞고 30초 정도 더 돌려줍니다.

3. 전자레인지에서 꺼낸 달걀물을 식기 전에 섞어서 적당히 으깨준 후, 마요네즈 2큰술, 홀그레인머스터드 1/3큰술, 소금 3꼬집, 설탕 1/3큰술, 후추를 넣고 섞어주세요.

4. 식빵에 에그마요를 올리고 다시 식빵을 덮어주면 완성!

TIP

· 전자레인지에 달걀을 돌릴 때 노른자를 젓가락으로 콕콕 찔러 꼭 터트려주세요. 그렇지 않으면 전자레인지 안에서 달걀이 튀고 터질 수 있어요.

요리 영상

재료

식빵 2장, 달걀 3개, 마요네즈 2큰술, 홀그레인머스터드 1/3큰술(생략 가능), 소금 3꼬집, 설탕 1/3큰술, 후추 약간

무전
1인분 ⏱ 10분

10월
21일

요리 영상

만드는 법

1. 무는 0.5cm 두께의 반달 모양으로 썰어주세요.

2. 냄비에 물을 가득 붓고 소금 1/2큰술을 넣고 끓여주세요.

3. 물이 끓으면 무를 넣고 2분간 데친 뒤 건져내서 물기를 빼주세요.

4. 부침가루 1/2컵과 물 100ml를 섞어준 뒤 무를 넣고 반죽을 잘 묻혀주세요.

5. 식용유를 두른 프라이팬에 노릇하게 부쳐주면 완성!

재료

무 150g, 부침가루 1/2컵, 물 1/2컵(100ml), 소금 1/2큰술, 식용유 3~4큰술

냉이된장찌개 2인분 ⏱15분

3월
8일

요리 영상

미리 준비해 주세요

냉이는 찬물에 잠시 담가두었다가 흙이나 이물질이 제거되도록 흔들어가며 씻고 뿌리 부분을 칼로 살살 긁어주세요.

만드는 법

1. 깨끗이 손질한 냉이의 두꺼운 뿌리 부분은 반으로 갈라 먹기 좋게 잘라주세요.

2. 무는 나박 썰고, 양파와 두부는 깍둑 썰고, 대파와 청양고추는 송송 썰고, 팽이버섯은 밑동을 잘라내고 한입 크기로 먹기 좋게 썰어서 준비합니다.

3. 냄비에 식용유 2/3큰술, 된장 2큰술, 고추장 1/2큰술을 넣고 타지 않게 살짝 볶다가 물 550ml와 나박 썬 무를 넣고 5분 정도 끓여줍니다.

4. 무가 반 이상 익으면 양파, 두부, 다진 마늘, 고춧가루를 넣고 끓이다가, 양파와 무가 다 익으면 팽이버섯, 대파, 청양고추를 넣어주세요.

5. 참치액을 넣고, 마지막에 냉이를 넣어 살짝 더 끓이면 완성!

재료

냉이 1줌(100g), 무 1/3토막, 양파 1/2개, 두부 1/2모, 대파 1/4대, 청양고추 1~2개, 팽이버섯 1봉(150g), 식용유 2/3큰술, 된장 2큰술, 고추장 1/2큰술, 물 550ml, 다진 마늘 1/2큰술, 고춧가루 1/2큰술, 참치액(또는 국간장) 1큰술

장조림버터비빔밥 1인분 ⏱10분

만드는 법

1. 달걀 2개에 소금 1꼬집을 넣고 잘 섞어주세요.

2. 프라이팬에 식용유를 두르고 달걀물을 부어 스크램블드에그를 만들어주세요.

3. 밥 위에 스크램블드에그, 장조림, 버터를 올리면 완성!

재료

밥 1공기, 달걀 2개, 소금 1꼬집, 식용유 2큰술, 장조림, 무염버터 1조각(10g)

 TIP

· 장조림 레시피는 10월 19일을 참고해 주세요.

요리 영상

감자채볶음  2인분 ⏱ 15분

3월
9일

만드는 법

1. 감자는 얇게 채 썬 후 소금 1작은술을 넣고 버무려 5분간 절여주세요.

2. 양파 1/2개는 채 썰어줍니다.

3. 감자에서 전분이 나오면 물로 헹군 뒤 체에 받쳐 물기를 빼주세요.

4. 프라이팬에 식용유를 넉넉히 두르고 채 썬 감자를 넣고 볶다가 감자가 노릇해지기 시작하면 양파와 다진 마늘 1/2큰술, 소금 1작은술을 넣고 볶아주세요.

5. 양파와 감자가 다 익으면 불을 끄고 후추와 깨를 뿌려 살짝 섞어주면 완성!

재료

감자 큰 것 2개(또는 작은 것 3개), 양파 1/2개, 소금 2작은술, 식용유 2큰술, 다진 마늘 1/2큰술, 후추 약간, 깨 약간

요리 영상

돼지고기장조림 2.5인분 ⏱ 45분

만드는 법

1. 돼지고기 안심은 6~8cm 길이로 잘라주세요.

2. 냄비에 물 1L, 맛술 3큰술을 넣고 끓여주세요.

3. 물이 끓으면 돼지고기 안심을 넣고 15분간 끓인 뒤 고기는 건져내서 찬물에 헹궈 식혀주세요.

4. 냄비에 고기 삶은 육수 300ml, 물 300ml를 넣고, 양파 1/2개를 통으로 넣고, 진간 장 10큰술, 설탕 1큰술, 물엿 2큰술을 넣고 5분 동안 끓여주세요.

5. 식은 고기를 먹기 좋게 찢어준 뒤 4에 넣고 15분간 약불로 졸여주면 완성!

재료

돼지고기 안심 500g, 맛술 3큰술, 물 1.3L, 양파 1/2개, 진간장 10큰 술, 설탕 1큰술, 물엿 2큰술

요리 영상

스팸짜글이 2인분 ⏱ 20분

만드는 법

1. 스팸 1캔, 감자 2개, 양파 1/2개, 두부 1/3모는 깍둑 썰고, 대파 1/4대와 청양고추 1개는 송송 썰어주세요.

2. 냄비에 스팸을 넣고 약불로 노릇노릇하게 기름이 나오게 볶다가, 감자를 넣고 살짝 볶아준 후 고추장 1큰술을 넣고 타지 않게 30초~1분간 볶아주세요.

3. 물 600ml를 넣고 센불로 10분간 끓여줍니다.

4. 진간장 3큰술, 고춧가루 2큰술, 설탕 1큰술, 참치액 1큰술, 양파, 다진 마늘 1큰술을 넣고 끓여주세요.

5. 양파가 익으면 두부, 대파, 청양고추, 후추를 넣고 한소끔 끓여주면 완성!

재료

스팸 1캔(200g), 감자 작은 것 2개, 양파 큰 것 1/2개, 두부 1/3모, 대파 1/4대, 청양고추 1개, 고추장 1큰술, 물 3컵(600ml), 진간장 3큰술, 고춧가루 2큰술, 설탕(또는 물엿) 1큰술, 참치액(또는 멸치액젓) 1큰술, 다진 마늘 1큰술, 후추 약간

TIP

· 애호박, 버섯 등 다른 재료를 추가해도 좋아요.
· 액젓 대신 조미료를 넣어도 괜찮아요.

요리 영상

묵은지볶음 2인분 ⏱15분

10월
18일

1. 묵은지는 물로 양념을 다 씻어낸 뒤 먹기 좋게 잘라주세요.

2. 냄비에 김치, 식용유 1큰술, 들기름 1큰술, 다진 마늘 1/2큰술, 설탕 1/3큰술, 된장 1작은술을 넣고 2분 정도 볶아주세요.

3. 물 100ml를 넣고 졸이듯이 볶다가 불을 끄고 들기름 1큰술과 깨를 뿌리면 완성!

재료

묵은지(또는 신김치) 300g, 식용유 1큰술, 들기름 2큰술, 다진 마늘 1/2큰술, 설탕 1/3큰술, 된장 1작은술, 물 1/2컵(100ml), 깨 약간

요리 영상

맛달걀

2.5인분 10분(1시간 이상 숙성 필요)

3월 11일

만드는 법

1. 냄비에 물을 붓고 물이 끓으면 중불로 줄인 후 달걀 5개를 조심스럽게 넣어 6분 30초(반숙 기준) 정도 삶아주세요.
2. 대파 1/6대를 송송 썰어주세요.
3. 삶은 달걀은 찬물에 담가 껍질을 까주세요.
4. 지퍼백이나 일회용 비닐에 쯔유 100ml와 물 100ml를 섞고, 삶은 달걀과 대파를 넣고 묶어준 뒤 1시간 이상 숙성시키면 완성!

TIP

- 맛달걀은 라멘 위에 올려 먹기 좋은 일본식 달걀 요리입니다. 달걀장조림을 만들고 싶다면 2월 19일을 참고해 주세요.
- 비닐에 넣고 숙성시키면 적은 양으로도 달걀이 다 잠길 수 있어요.
- 먹기 전에 깨와 참기름을 뿌리면 더 맛있어요.

요리 영상

재료

달걀 5개, 쯔유 1/2컵(100ml), 물 1/2컵(100ml), 대파 1/6대(생략 가능)

무샤브샤브

1인분 ⏱ 15분

10월
17일

만드는 법

1. 무는 껍질을 벗긴 뒤 필러로 얇게 썰어주세요.
2. 찍어 먹을 소스를 만들어주세요.
3. 물에 동전 육수 1개와 쯔유 2큰술을 넣고 끓여주세요.
4. 물이 끓을 때 무와 고기를 넣어주면 완성!

재료

샤브샤브용 소고기 150g, 무 100~150g, 물 2.5컵(500ml), 동전 육수
(또는 다시팩) 1개, 쯔유 2큰술

* 찍어 먹는 소스 재료(참소스로 대체 가능)
양조간장 1큰술, 식초 1/2큰술, 설탕 1/2큰술

요리 영상

냉이차돌말이찜 1인분 ⓒ10분

3월
12일

미리 준비해 주세요

냉이는 찬물에 잠시 담가두었다가 흙이나 이물질이 제거되도록 흔들어가며 씻은 뒤 뿌리 부분은 칼로 살살 긁어주세요.

만드는 법

1. 냉이는 차돌박이보다 조금 더 긴 길이로 자르고, 소스를 만들어주세요.
2. 차돌박이는 키친타월로 가볍게 닦아 핏물을 제거해 주세요.
3. 차돌박이 위에 냉이를 올리고 돌돌 말아주세요.
4. 전자레인지 용기에 차돌말이의 끝부분이 아래로 가도록 두고 소금, 후추로 간해 주세요.
5. 랩을 씌우고 전자레인지(700W 기준)에 3분간 익히면 완성!

재료

차돌박이 150g, 냉이 2줌(200g), 소금 약간, 후추 약간

* 찍어 먹는 소스(참소스로 대체 가능)
진간장 1큰술, 식초 1/2큰술, 설탕 1/2큰술, 물 1/2큰술

TIP

· 2인분 이상 많은 양을 요리할 때는 찜기에 찌면 더 편해요.

요리 영상

고등어무조림 1.5인분 ⏱ 40분

10월
16일

만드는 법

1. 무는 1.5cm 정도 두께로 썰고, 양파 1/2개는 두껍게 채 썰고, 대파 1/3대는 어슷 썰어주세요.

2. 냄비에 무, 물 500ml를 붓고, 뚜껑을 덮고 중약불로 20분간 끓여주세요.

3. 양념장을 만들어주세요.

4. 무가 거의 다 익었으면 고등어, 양념장, 양파, 대파를 올린 후 뚜껑을 열고 15분간 끓여주세요.

5. 고등어와 채소가 다 익으면 완성!

재료

순살 고등어 2팩(1마리), 무 300g, 양파 1/2개, 대파 1/3대, 물(또는 쌀 뜨물) 2.5컵(500ml)

* 양념장 재료

진간장 3큰술, 국간장 1큰술, 참치액 1큰술, 된장 1작은술, 맛술 3큰술, 고춧가루 3큰술, 다진 마늘 1큰술, 다진 생강 1작은술, 후추 약간

TIP

- 물이 많이 졸아들었다면 4번 과정에서 물을 100~200ml 추가해 주세요.
- 맛술의 단맛으로도 충분하지만, 더 달달한 맛을 원한다면 설탕 1/2큰술을 추가해 주세요.

요리 영상

애호박전 1인분 ⏱ 10분

3월
13일

만드는 법

1. 애호박 2/3개는 동그랗게 썰어 소금 2꼬집을 뿌려주세요.

2. 달걀 1개에 소금 1꼬집을 넣고 잘 풀어주세요.

3. 애호박을 부침가루, 달걀물 순서로 묻혀주세요.

4. 식용유를 넉넉히 두른 프라이팬에 중불로 노릇노릇하게 부쳐주면 완성!

재료

애호박 2/3개, 달걀 1개, 부침가루 1큰술, 소금 3꼬집, 식용유 3큰술

요리 영상

돼지고기김치찌개 2인분 ⏱30분

10월
15일

만드는 법

1. 신김치와 두부를 먹기 좋게 썰고, 대파 1/4대를 송송 썰어주세요.

2. 냄비에 김치, 김칫국물 150ml, 돼지고기를 넣고 중약불로 5분간 볶아주세요.

3. 물 500ml, 고춧가루 2큰술, 새우젓 1/2큰술, 국간장 1/2큰술, 설탕 1/3큰술을 넣고 15분간 끓여주세요.

4. 물 150ml를 추가 후, 두부와 대파를 넣고 한소끔 더 끓이면 완성!

TIP

· 물을 나눠 넣으면 고기에 간이 잘 배요.

· 김치의 신맛이 강할 경우에는 설탕을 추가하고, 신맛이 부족하면 식초를 넣어주세요.

· 마지막에 넣는 물로 간을 맞춰요.

요리 영상

재료

신김치 2컵(300g), 두부 1/3모(생략 가능), 대파 1/4대, 김칫국물 150ml, 돼지고기 300g, 물 650ml, 고춧가루 2큰술, 새우젓 1/2큰술 (또는 액젓 1큰술), 국간장 1/2큰술, 설탕 1/3큰술

양념군만두 1인분 ⏱ 15분

3월
14일

만드는 법

1. 만두 8개는 식용유를 두른 프라이팬에 노릇노릇하게 구워서 빼주세요.

2. 프라이팬의 기름을 닦아내고, 고추장 2/3큰술, 케첩 2큰술, 설탕 1큰술, 물엿 2큰술, 다진 마늘 1/3큰술, 물 3큰술을 넣고 잘 섞어가며 끓여주세요.

3. 보글보글 끓으면 만두를 넣고 버무려주세요.

재료

군만두(또는 교자만두) 8개(200~250g), 식용유 3큰술, 고추장 2/3큰술, 케첩 2큰술, 설탕 1큰술, 물엿 2큰술, 다진 마늘 1/3큰술, 물 3큰술

TIP

· 만두 크기에 따라 개수는 다를 수 있어요.

요리 영상

김치전 1인분 ⏱ 15분

만드는 법

1. 신김치는 잘게 잘라주세요.

2. 부침가루 1컵과 물 150ml를 섞어준 뒤 자른 김치, 김칫국물 4큰술을 넣고 잘 섞어 주세요.

3. 식용유를 넉넉히 두른 프라이팬에 김치전 반죽을 올리고 넓게 펼쳐주세요.

4. 밑면이 노릇하게 익었을 때 뒤집어서 양면을 노릇하게 익혀주면 완성!

재료

신김치 1컵(150g), 김칫국물 4큰술, 부침가루 1컵, 물 150ml, 식용유 3~4큰술

요리 영상

황태곰탕 2.5인분 ⏱ 35분

3월
15일

만드는 법

1. 황태채는 물에 가볍게 헹궈서 건져내고 먹기 좋은 크기로 잘라주세요.
2. 냄비에 황태채, 들기름 1큰술, 물 500ml를 붓고 뚜껑을 연 채 강불로 10분간 끓여주세요.
3. 10분 뒤 물 700ml를 추가하고 뚜껑을 덮은 뒤 중불로 20분간 끓여주세요.
4. 마지막에 다진 마늘 1/2큰술, 멸치액젓 2큰술로 간을 맞춘 후 살짝만 더 끓이면 완성!

TIP

- 오래 끓일수록 황태가 더욱 부드러워지고 진해져요. 이때 물을 추가하며 끓이되, 싱거울 경우 마지막에 소금으로 간을 해줘도 좋아요.

요리 영상

재료

황태채 크게 2줌(60g), 물 6컵(1.2L), 들기름 1큰술, 다진 마늘 1/2큰술, 멸치액젓(새우젓 또는 참치액으로 대체 가능) 2큰술

오므라이스

1인분 ⏱ 20분

만드는 법

1. 양파 1/2개는 잘게 다지고, 베이컨 3줄은 1~2cm 크기로 잘라주세요.

2. 프라이팬이나 웍에 버터 1조각, 다진 양파, 베이컨을 넣고 2분 정도 볶아주세요.

3. 케첩 2큰술, 돈가스소스 1큰술, 밥 1공기를 넣고 볶아준 뒤 접시에 예쁘게 담아주세요.

4. 소스를 만든 후 살짝 끓여주세요.

5. 달걀 2개에 소금 1꼬집을 넣고 잘 풀어 프라이팬에 젓가락으로 저어가며 몽글몽글하게 익힌 후, 볶아둔 밥 위에 달걀을 올리고 소스를 뿌리면 완성!

재료

밥 1공기, 양파 1/2개, 베이컨 3줄, 무염버터 1조각(10g), 케첩 2큰술,
돈가스소스(또는 우스터소스) 1큰술, 달걀 2개, 소금 약간

* 소스 재료
돈가스소스 3큰술, 케첩 1큰술, 무염버터 1조각(10g), 물 4큰술

TIP

• 마지막에 소스 대신 케첩을 뿌려도 괜찮아요.

요리 영상

미나리오리불고기 2인분 ⏱ 25분

3월
16일

만드는 법

1. 오리고기에 다진 청양고추 3개를 넣고 버무려 10분간 재워주세요.

2. 미나리 1/2단은 깨끗하게 씻어 먹기 좋은 크기로 썰고, 양파 1/2개는 채 썰어주세요.

3. 양념장을 만든 뒤 1에 버무려주세요.

4. 식용유를 두르지 않은 프라이팬에 3을 올리고 볶다가 기름이 나오기 시작하고 고기가 다 익으면 양파를 넣고 양파가 다 익을 때까지 볶아주세요.

5. 미나리를 올린 후 미나리가 숨 죽을 정도로만 살짝 볶아주면 완성!

재료

오리고기 500g, 청양고추 3개, 미나리 1/2단, 양파 1/2개

* 양념장 재료

고춧가루 3큰술, 다진 마늘 1큰술, 진간장 2큰술, 맛술 2큰술, 고추장 2큰술, 물엿(또는 올리고당) 1큰술, 설탕 1/2큰술, 다진 생강 1작은술(생략 가능), 후추 약간

TIP

• 오리고기에 다진 청양고추를 버무리면 오리 잡내를 잡을 수 있어요. 하지만 매운 걸 못 먹는다면 청양고추에 버무리는 대신 오리고기를 얼음물에 10분간 담가주어도 잡내를 잡을 수 있어요.

요리 영상

연포탕 1.5인분 ⓢ 20분

미리 준비해 주세요

낙지 내장과 눈, 입을 제거하고 낙지에 밀가루 2~3큰술을 넣고 바락바락 주물러 씻어 주세요.

만드는 법

1. 무는 나박 썰고, 양파 1/2개는 채 썰고, 대파 1/3대는 반 갈라 4~5cm 길이로 썰고, 청양고추 1개는 어슷 썰어주세요.

2. 물 1L, 동전 육수, 무를 넣고 10분간 끓여주세요.

3. 양파, 대파, 청양고추, 다진 마늘 2/3큰술, 국간장 1/2큰술, 멸치액젓 1큰술을 넣고 5분간 끓여주세요.

4. 낙지를 넣고 1분만 더 끓이면 완성!

재료

낙지 1~2마리(250g), 밀가루 2~3큰술, 무 150g, 양파 1/2개, 대파 1/3대, 청양고추 1개, 물 5컵(1L), 동전 육수(또는 다시팩) 2개, 다진 마늘 2/3큰술, 국간장 1/2큰술, 멸치액젓 1큰술(또는 새우젓 1/2큰술)

TIP

• 싱겁다면 나머지 간은 소금으로 맞춰주세요.

요리 영상

약고추장 3.5인분 ⏱ 15분

만드는 법

1. 소고기 다짐육은 키친타월로 톡톡 닦아 핏물을 제거해 주세요.
2. 식용유 2큰술을 두른 프라이팬에 소고기 다짐육, 맛술 3큰술을 넣고 중불로 타지 않게 볶아주세요.
3. 다진 마늘 1큰술을 넣은 후, 수분은 다 날아가고 기름만 남을 때까지 볶아주세요.
4. 약불로 줄여 고추장 6큰술을 넣고 볶아주다가 물엿 2큰술을 넣고 살짝 볶아주세요.
5. 마무리로 깨를 넣어주면 완성!

TIP

- 물엿은 조청, 올리고당, 꿀로 대체 가능해요.
- 오래 보관하고 싶다면 깨를 생략해 주세요.
- 약고추장은 비빔밥, 주먹밥 등에 활용 가능해요.

재료

소고기 다짐육 200g, 식용유 2큰술, 맛술 3큰술, 다진 마늘 1큰술, 고추장 6큰술, 물엿 2큰술, 깨 1/2큰술

요리 영상

고기완자전 1인분 ⏱ 20분

10월
11일

만드는 법

1. 양파 1/4개와 대파 1/5대는 잘게 다져주세요.

2. 믹싱볼에 돼지고기 다짐육, 양파, 대파, 다진 마늘 1/2큰술, 진간장 2큰술, 설탕 1/2큰술, 전분가루 2큰술, 달걀 1개, 소금 1/2작은술, 후추를 넣고 잘 섞어주세요.

3. 식용유를 두른 프라이팬에 반죽을 올려서 넓게 펼쳐주세요.

4. 약불로 앞뒤로 노릇하게 부치면 완성!

재료

돼지고기 다짐육 300g, 양파 1/4개, 대파 1/5대, 다진 마늘 1/2큰술,
진간장 2큰술, 설탕 1/2큰술, 전분가루(또는 부침가루) 2큰술, 달걀 1개,
소금 1/2작은술, 후추 약간, 식용유 3큰술

요리 영상

더덕구이 1.5인분 ⏱ 20분

만드는 법

1. 더덕은 길게 반을 자른 뒤 밀대로 굴려가며 납작하게 펴주세요.

2. 진간장 1/2큰술, 참기름 1큰술을 섞어 유장을 만든 뒤 더덕 앞뒤로 유장을 발라주세요.

3. 고추장 1큰술, 고춧가루 1/3큰술, 진간장 1/2큰술, 설탕 1/2큰술, 올리고당 1큰술, 다진 마늘 1작은술을 넣고 양념장을 만들어주세요.

4. 식용유를 두르지 않은 프라이팬에 유장을 바른 더덕을 앞뒤 약불로 1~2분간 구워서 뺀 뒤 양념장을 발라주세요.

5. 프라이팬에 식용유를 두르고 4를 올려 약불로 구운 뒤 깨 1/3큰술을 뿌려주면 완성!

재료

깐 더덕 200g, 진간장 1큰술, 참기름 1큰술, 고추장 1큰술, 고춧가루 1/3큰술, 설탕 1/2큰술, 올리고당(물엿 또는 조청으로 대체 가능) 1큰술, 다진 마늘 1작은술, 식용유 1큰술, 깨 1/3큰술

TIP

· 흙더덕 사용 시 흙을 깨끗이 씻어준 뒤 뇌두를 제거하고 필러로 껍질을 벗겨주세요.

요리 영상

애호박베이컨볶음 1.5인분 ⏱15분

만드는 법

1. 애호박 2/3개와 양파 1/2개는 굵게 채 썰고, 베이컨 3줄은 2cm 길이로 썰고, 대파 1/5대는 송송 썰어주세요.
2. 프라이팬에 식용유를 두르고 다진 마늘 1/2큰술, 대파, 베이컨을 넣고 볶아주세요.
3. 베이컨이 노릇해졌으면 애호박과 양파를 넣고 볶아주세요.
4. 채소가 다 익었으면 굴소스 1/2큰술과 후추를 넣고 볶아주세요.
5. 마무리로 깨를 뿌리면 완성!

재료

애호박 2/3개, 양파 1/2개, 베이컨 3줄, 대파 1/5대, 식용유 2큰술, 다진 마늘 1/2큰술, 굴소스 1/2큰술, 후추 약간, 깨 약간

TIP

· 싱거울 경우 부족한 간은 소금으로 맞춰요.

요리 영상

취나물볶음 2인분 ⏱ 15분

미리 준비해 주세요

취나물은 억세고 질긴 부분을 제거하고 씻어 준비합니다.

만드는 법

1. 끓는 물 1L에 소금 1/2큰술과 취나물을 넣고 3분 정도 삶아주세요.

2. 삶은 취나물은 찬물에 헹군 뒤 여러 번 씻어 물기를 짜줍니다.

3. 프라이팬에 불을 켜지 않은 상태로 취나물, 다진 마늘 1/2큰술, 국간장 1큰술, 들기름 1큰술을 넣고 무쳐주세요.

4. 다 무친 취나물은 중약불에 1~2분간 볶아낸 후 불을 끄고 깨를 뿌려주면 완성!

재료

취나물 300g, 물 5컵(1L), 소금 1/2큰술, 다진 마늘 1/2큰술, 국간장 1큰술, 들기름(또는 참기름) 1큰술, 깨 1큰술

TIP

- 무치고 볶는 과정으로 보관기간이 조금 더 길어져요. 덜어 먹을 경우 3~4일간 보관 가능해요.
- 마지막에 부족한 간은 소금으로 맞춰주세요.

요리 영상

낙지볶음 1.5인분 ⏱15분

미리 준비해 주세요

낙지 내장과 눈, 입을 제거하고 낙지에 밀가루 2~3큰술을 넣고 바락바락 주물러 씻어주세요.

만드는 법

1. 낙지는 먹기 좋게 자르고, 양파 1/2개는 채 썰고, 대파 1/2대는 길게 반 가른 뒤 4cm 정도 크기로 잘라주세요.

2. 아무것도 두르지 않은 웍에 낙지를 넣고 센불에 살짝 1분 정도 볶아준 뒤 낙지는 찬물에 식혀 물기를 빼주세요.

3. 프라이팬에 식용유 2큰술, 다진 마늘 1큰술, 설탕 1/3큰술, 고추장 1/2큰술, 고춧가루 1.5큰술, 진간장 1.5큰술, 맛술 1큰술을 넣고 볶다가, 양파, 대파를 넣고 1~2분 정도 볶아주세요.

4. 낙지를 넣고 센불로 한 번 더 볶아준 뒤 깨를 뿌리면 완성!

재료

낙지 2마리(250g), 밀가루 2~3큰술, 양파 1/2개, 대파 1/2대, 식용유 2큰술, 다진 마늘 1큰술, 설탕 1/3큰술, 고추장 1/2큰술, 고춧가루 1.5큰술, 진간장 1.5큰술, 맛술 1큰술, 깨 약간

요리 영상

미나리전 1인분 ⏱ 10분

만드는 법

1. 미나리는 깨끗이 씻어 먹기 좋은 크기로 자르고, 청양고추 1개와 홍고추 1개도 송 송 썰어주세요.

2. 초간장을 만들어주세요.

3. 부침가루 1/2컵과 물 100㎖를 섞어 반죽하고, 미나리와 고추를 넣어 섞어주세요.

4. 식용유를 넉넉히 두른 프라이팬에 3을 얇게 펼치고 앞뒤로 노릇노릇하게 부쳐내 면 완성!

재료

미나리 1/2단, 부침가루 1/2컵, 물 1/2컵(100㎖), 청양고추 1개, 홍고 추 1개(생략 가능), 식용유 3큰술

＊초간장 재료
물 1큰술, 양조간장 1큰술, 식초 1큰술

TIP

• 바삭하게 부치는 방법이에요.
① 반죽에 튀김가루 1~2큰술을 섞으면 더 바삭해요.
② 프라이팬에 식용유를 넉넉히 두르고, 중간에 식용유를 계속 추가하면서 부쳐주면 더 바삭해요.
③ 불 세기는 중불에서 중강불로 해주고, 마무리 5초 정도는 센불로 살짝 올리면 기름을 덜 먹어 더 바삭해요.

요리 영상

순두부찌개 1.5인분 ⏱ 15분

10월
8일

만드는 법

1. 대파 1/2대와 양파 1/2개는 잘게 다지고, 애호박 1/3개는 한입 크기로 먹기 좋게 썰어주세요.

2. 냄비에 식용유 3큰술, 돼지고기 다짐육, 대파, 다진 양파, 다진 마늘 1큰술을 넣고 볶아주세요.

3. 돼지고기에서 기름이 나오기 시작하면, 고춧가루 2큰술, 진간장 2큰술을 넣고 타지 않게 1분간 볶아주세요.

4. 물 350ml를 넣고 애호박, 참치액 2큰술, 치킨스톡 1작은술을 넣은 뒤 순두부 1봉을 넣고 5분간 끓여주세요.

5. 마지막에 달걀 1개를 넣고 달걀이 원하는 만큼 익으면 불을 끈 후 후추를 뿌려주면 완성!

재료

순두부 1봉(350g), 돼지고기 다짐육 100g, 대파 1/2대, 양파 1/2개, 애호박 1/3개, 식용유 3큰술, 다진 마늘 1큰술, 고춧가루 2큰술, 진간장 2큰술, 물 350ml, 참치액(다른 액젓으로 대체 가능) 2큰술, 치킨스톡(또는 다시다) 1작은술, 달걀 1개, 후추 약간

요리 영상

두부치즈구이 1인분 ⏱ 10분

3월
21일

만드는 법

1. 두부 1/2모, 전분가루 1큰술, 소금 1/3작은술을 넣고 으깨주세요.

2. 1에 모짜렐라 1줌을 넣고 살짝 섞어주세요.

3. 식용유를 넉넉히 두른 프라이팬에 2를 한 숟가락씩 떠서 노릇노릇하게 부쳐주세요.

재료

두부 1/2모, 전분가루(또는 부침가루) 1큰술, 소금(치킨스톡으로 대체 가능) 1/3작은술, 모짜렐라 1줌, 식용유 3큰술

요리 영상

그릭요거트바크 ⏱3시간 이상

10월
7일

1. 과일은 깨끗이 씻어 준비해 주세요.
2. 요거트에 올리고당 2큰술을 넣고 잘 섞어주세요.
3. 접시에 종이 포일을 깔고 요거트를 넓게 펼쳐주세요.
4. 과일, 그래놀라를 올리고 싶은 만큼 올린 뒤 냉동실에 3시간 이상 얼려주세요.
5. 3시간 뒤 먹기 좋게 자르면 완성!

TIP

· 과일은 바나나, 블루베리, 냉동 과일 등으로 좋아하는 과일을 넣어주세요.
· 단맛은 입맛에 맞게 가감해 주세요.
· 자른 요거트바크는 냉동실에 넣어두고 아이스크림 대신 먹어도 좋아요.

요리 영상

재료

그릭요거트 1통(450g), 과일, 그래놀라(견과류로 대체 또는 생략 가능), 올리고당(꿀 또는 알룰로스) 2큰술, 종이 포일

제육볶음 2.5인분 ⏱ 15분

3월
22일

만드는 법

1. 양파 1/2개는 두껍게 채 썰어주세요.

2. 웍이나 프라이팬에 대패삼겹살을 넣고 볶아주세요.

3. 대패삼겹살이 반쯤 익으면 잠시 불을 끄고 양념장과 양파를 모두 넣은 뒤, 다시 불을 켜서 양념이 배도록 충분히 볶아주면 완성!

재료

대패삼겹살 500g, 양파 1/2개

* 양념장 재료

맛술 2큰술, 고추장 1큰술, 진간장 3큰술, 고춧가루 2큰술, 설탕 1/2큰술, 물엿 1큰술, 다진 마늘 1큰술

TIP

· 양파의 식감이 살아있는 게 좋다면 양파를 마지막에 넣어주세요.

· 대파도 큼직하게 썰어 넣으면 맛있어요.

· 매콤하게 먹고 싶다면 매운 고춧가루나 청양고추를 넣어주세요.

요리 영상

두부오믈렛 1인분 ⓣ 15분

10월
6일

만드는 법

1. 두부 1/2모를 으깨주세요.

2. 마른 프라이팬에 수분을 날려가며 1을 볶아준 뒤 그릇에 덜어주세요.

3. 믹싱볼에 달걀 3개, 으깬 두부, 참치액 1큰술을 넣고 잘 섞어주세요.

4. 식용유를 두른 프라이팬에 3을 붓고 밑면이 익으면 반으로 접어주세요.

5. 노릇하게 익으면 접시에 담고 케첩과 파슬리를 뿌려주면 완성!

재료

두부 1/2모(150g), 달걀 3개, 참치액 1큰술, 식용유 2큰술, 케첩 약간,
파슬리 약간(생략 가능)

요리 영상

명란아보카도비빔밥 1인분 ⏱10분

만드는 법

1. 양파는 얇게 채 썰고, 아보카도 1/2개는 먹기 좋게 썰어주세요.

2. 명란젓 1개는 막을 제거하거나 있는 채로 먹기 좋게 썰어주세요.

3. 달걀프라이 1개를 만들어주세요.

4. 밥 위에 채 썬 양파, 달걀프라이, 아보카도, 명란젓을 올리고 참기름 1큰술, 깨 1/2큰술, 쯔유 1/2큰술을 뿌리면 완성!

TIP

- 아보카도는 반으로 잘라 칼집을 내 비틀어 씨와 껍질을 제거한 후 사용해 주세요.
- 남은 아보카도 반쪽은 단면에 올리브유를 발라서 랩으로 감싼 후 냉장 보관하면 변색되지 않아요.
- 채 썬 양파의 매운맛을 없애고 싶다면 양파를 찬물에 잠시 담가주세요.
- 김가루와 고추냉이를 추가해도 좋아요.

요리 영상

재료

밥 1공기, 양파 아주 조금, 명란젓 1개, 달걀 1개, 아보카도 1/2개, 참기름 1큰술, 깨 1/2큰술, 쯔유(양조간장으로 대체 또는 생략 가능) 1/2큰술

크림새우 1.5인분 ⓣ 25분

10월
5일

미리 준비해 주세요

새우는 깨끗이 씻은 뒤 꼬리와 껍질을 제거해 주세요. (냉동 새우의 경우 해동만 하면 돼요. 꼬리가 붙어있는 냉동 새우일 경우에는 꼬리를 제거해 주세요.)

만드는 법

1. 소스를 만들어주세요.

2. 감자전분 5큰술에 물 4큰술을 넣고 꾸덕꾸덕하게 반죽해 주세요. (농도는 영상을 참고하면 좋아요.)

3. 새우를 반죽에 골고루 묻힌 뒤 식용유를 두른 프라이팬에 튀기듯 구워주세요.

4. 노릇하게 익은 새우는 건져내 기름을 빼주세요.

5. 튀긴 새우에 소스를 버무리면 완성!

재료

새우 12마리, 감자전분 5큰술, 물 4큰술, 식용유 6~8큰술

* 소스 재료

마요네즈 4큰술, 설탕 2큰술, 식초 1큰술, 레몬즙 약간(생략 가능)

TIP

· 꼬리가 붙어있는 새우의 경우, 꼬리의 물총 부분을 제거하지 않으면 기름이 튀어 화상 위험이 있어요.

요리 영상

상추된장국 2.5인분 ⓒ 10분

만드는 법

1. 상추 10장은 물에 깨끗이 씻고, 대파 1/4대와 청양고추는 송송 썰어주세요.

2. 물 1L에 된장 2.5큰술을 풀고 다진 마늘 1/2큰술을 넣어 끓여주세요.

3. 참치액 1큰술로 나머지 간을 맞춘 후, 상추는 반으로 찢어 넣어주세요.

4. 대파, 고춧가루 1/2큰술, 청양고추를 넣고 상추가 숨 죽을 정도로만 끓여주면 완성!

TIP

· 물이나 쌀뜨물 대신 보리새우를 넣거나 동전 육수 또는 다시팩
  으로 육수를 내서 끓여도 좋아요.

· 된장은 집마다, 제품마다 염도가 다르니 입맛에 맞게 가감해주
  세요.

요리 영상

재료

상추 10장, 대파 1/4대, 청양고추 1~2개(생략 가능), 물(또는 쌀뜨물) 5컵
(1L), 된장 2.5큰술, 다진 마늘 1/2큰술, 고춧가루 1/2큰술(생략 가능),
참치액(또는 국간장) 1큰술

뚝배기불고기 1.5인분 ⏱ 20분

미리 준비해 주세요

당면은 찬물이나 미지근한 물에 30분 불려주세요.

만드는 법

1. 고기는 키친타월로 핏물을 제거 후 먹기 좋게 자르고, 양파 1/2개는 채 썰고, 대파 1/5대는 어슷 썰어주세요.

2. 불고기용 소고기에 양념장을 만들어 넣고 버무려주세요.

3. 뚝배기에 불고기, 양파, 대파, 불린 당면, 느타리버섯, 물을 넣고 끓여주세요.

4. 불고기가 뭉치지 않도록 살살 풀어가며 3~5분 정도 끓이면 완성!

재료

불고기용 소고기 300g, 양파 1/2개, 대파 1/5대, 당면 1/2줌(30g), 느타리버섯 약간(팽이버섯으로 대체 또는 생략 가능), 물 1.5컵(300ml)

* 양념장 재료

맛술 3큰술, 진간장 5큰술, 국간장(또는 액젓) 1큰술, 설탕 3큰술, 다진 마늘 1/2큰술, 후추 약간

TIP

· 여유가 있다면 3번 과정 후 30분 정도 재웠다가 만들어도 좋아요.

· 당면을 많이 넣으면 국물을 모두 흡수하니, 적당히 넣어주세요.

· 싱거우면 부족한 간은 소금으로 맞춰요.

요리 영상

참치쌈장 2인분 ⏱ 15분

만드는 법

1. 양파 1/2개, 대파 1/2대, 청양고추 1개는 다져주세요.

2. 프라이팬에 식용유를 두르고, 양파, 대파, 청양고추, 다진 마늘 1큰술을 넣고 볶아 주세요.

3. 양파가 투명하게 익으면 고추장 1큰술, 된장 1큰술을 넣고 볶아주세요.

4. 기름 뺀 참치캔 1개, 맛술 2큰술을 넣고 볶은 후 불을 끄고 참기름 1큰술과 깨 1/2 큰술을 뿌려주면 완성!

재료

참치캔 1개(100~150g), 양파 1/2개, 대파 1/2대, 청양고추 1개, 식용유 1큰술, 다진 마늘 1큰술, 고추장 1큰술, 된장 1큰술, 맛술 2큰술, 참기름 1큰술, 깨 1/2큰술

TIP

· 참치쌈장은 양배추쌈이나 상추쌈과 함께 먹거나 비빔밥으로 먹어도 좋아요.

요리 영상

김칫국 2인분 ⏱20분

만드는 법

1. 신김치 1컵과 두부 1/2모는 살짝 도톰하게 채 썰고, 대파 1/5대는 송송 썰어주세요.

2. 물 800ml에 동전 육수 1개, 김치, 김칫국물 1/2컵, 국간장 1/2큰술, 액젓 1큰술, 고춧가루 1/3큰술, 다진 마늘 1/2큰술을 넣고 10분간 끓여주세요.

3. 마지막에 두부, 대파를 넣고 한소끔 끓이면 완성!

재료

신김치 1컵(150g), 두부 1/2모, 대파 1/5대, 물 4컵(800ml), 동전 육수 (또는 다시팩) 1개, 김칫국물 1/2컵(100ml), 국간장 1/2큰술, 액젓 1큰술 (또는 새우젓 1/2큰술), 고춧가루 1/3큰술, 다진 마늘 1/2큰술

요리 영상

명란버터우동 1인분 ⏱10분

3월
26일

만드는 법

1. 명란젓은 가운데를 가른 후 칼등으로 밀듯이 긁어 알만 발라주세요.

2. 쪽파 6줄은 다져서 준비해 주세요.

3. 냄비에 물을 끓여 우동면을 넣고 데쳐주세요.

4. 그릇에 따뜻한 우동면, 쪽파, 명란젓, 가쓰오부시, 깨 1큰술, 버터 1조각, 달걀노른자 1개를 올려주세요.

5. 쯔유 1큰술을 넣고 비비면 완성!

재료

우동면사리 1개, 명란젓 1개(저염 명란젓은 2개), 쪽파(또는 부추) 6줄, 가쓰오부시 약간(생략 가능), 깨 1큰술, 무염버터 1조각(10g), 달걀노른자 1개, 쯔유 1큰술

요리 영상

연근조림 2.5인분 ⏱ 30분

10월
2일

만드는 법

1. 연근은 깨끗이 씻어낸 뒤 껍질을 벗겨내고 0.5cm 정도 두께로 썰어주세요.

2. 냄비에 물 1L, 식초 1큰술을 넣고, 물이 끓으면 연근을 넣고 5분 정도 삶은 뒤 찬물에 헹군 후 물기를 빼주세요.

3. 냄비에 식용유 2큰술을 넣고 연근을 2분 정도 볶다가 물 300ml, 진간장 6큰술, 설탕 2큰술, 물엿 2큰술을 넣고 10분 이상 조려주세요.

4. 국물이 다 졸아들면 불을 끄고 마지막에 물엿 1큰술, 깨를 넣고 버무려주면 완성!

재료

연근 400g, 물 6.5컵(1.3L), 식초 1큰술, 식용유 2큰술, 진간장 6큰술,
설탕 2큰술, 물엿 3큰술, 깨 약간

요리 영상

과카몰리 1.5인분 ⓒ 5분

3월
27일

만드는 법

1. 아보카도는 씨 있는 가운데 부분을 칼집 내서 비틀고 씨를 제거 후 껍질을 벗기거나 숟가락으로 아보카도의 과육만 발라내주세요.

2. 양파 1/4개는 잘게 다져주세요.

3. 믹싱볼에 아보카도를 넣고 으깨주다가, 다진 양파, 소금 2꼬집, 레몬즙 1큰술을 넣고 잘 섞어주면 완성!

TIP

· 과카몰리를 나초에 찍어 드세요.
· 과카몰리를 빵에 발라 먹어도 맛있어요.

요리 영상

재료

아보카도 1개, 양파 1/4개, 소금 2꼬집, 레몬즙(또는 식초) 1큰술

새우매운탕 2인분 ⏱ 30분

10월
1일

만드는 법

1. 쑥갓은 깨끗이 씻어 먹기 좋은 크기로 썰고, 무는 0.5cm 두께로 나박 썰고, 대파 1/5대와 청양고추 1개는 어슷 썰고, 애호박 1/3개는 한입 크기로 먹기 좋게 잘라주세요.

2. 냄비에 무, 물 1L, 된장 1/2큰술, 국간장 1큰술, 고춧가루 2큰술을 넣고 5분간 끓여주세요.

3. 새우, 애호박, 다진 마늘 1큰술을 넣은 후 참치액 2큰술을 넣고 10분간 끓여주세요.

4. 마지막에 쑥갓, 대파, 청양고추를 넣고 한소끔 더 끓이면 완성!

재료

새우 12마리, 무 100g, 쑥갓(또는 미나리) 1줌, 대파 1/5대, 청양고추 1개(생략 가능), 애호박 1/3개, 물 5컵(1L), 된장 1/2큰술, 국간장 1큰술, 고춧가루 2큰술, 다진 마늘 1큰술, 참치액(다른 액젓으로 대체 가능) 2큰술

요리 영상

치킨퀘사디아 1인분 ⏱ 10분

만드는 법

1. 양파 1/4개는 잘게 다지고, 닭가슴살 1개도 먹기 좋게 썰어주세요.

2. 닭가슴살, 양파, 토마토소스 4큰술을 잘 섞어서 준비해 주세요.

3. 프라이팬에 토르티야 1장을 올리고 2와 피자치즈 1줌을 올린 후 반으로 접어주세요.

4. 불을 켜고 약불로 앞뒤 노릇노릇하게 구워준 후 먹기 좋게 잘라주세요.

5. 똑같이 1장 더 만들어주면 완성!

TIP

- 생 닭가슴살은 소금으로 간을 약간 한 뒤 삶거나 구워서 요리해 주세요.
- 토마토소스 대신 케첩 2큰술에 스리라차 2큰술을 섞어도 좋아요.
- 취향껏 고수를 토핑으로 올려 먹어도 좋아요.

재료

닭가슴살 1개, 양파 1/4개, 토마토소스 4큰술, 토르티야 2장, 피자치즈 2줌

요리 영상

10월

10월의 제철 재료

새우

특유의 단맛과 탱글탱글한 식감을 자랑하는 새우는 고단백 저칼로리 식품이에요. 머리와 꼬리, 수염이 모두 잘 붙어있고 껍질이 단단하고 몸이 투명한 것을 골라야 해요. 튀김, 탕, 구이 등으로 먹을 수 있고 살아있는 새우는 회로 먹기도 해요.

낙지

낙지는 '갯벌 속의 산삼'이라는 말이 있을 정도로 타우린과 단백질이 풍부해서 원기회복에 좋아 보양식으로도 많이 먹는 음식 중 하나입니다. 피부의 표면이 광택이 나고 끈적거림이 없는 낙지를 골라야 해요. 쫄깃하고 맛있는 낙지는 낙지볶음, 연포탕, 숙회, 전골 등으로 먹을 수 있어요.

김치콩비지찌개 2인분 ⏱15분

3월
29일

만드는 법

1. 김치와 돼지고기는 잘게 썰고, 대파 1/5대는 송송 썰어 준비합니다.

2. 냄비에 식용유를 두르고 돼지고기를 볶다가 하얗게 익기 시작하면 김치, 김칫국물 3큰술, 고춧가루 1큰술, 다진 마늘 1/3큰술을 넣고 3분간 볶아주세요.

3. 콩비지 200g과 물 300ml를 넣고 끓기 시작하면 새우젓 1큰술로 간을 맞춘 뒤 약불로 뭉근하게 5분간 끓여주세요.

4. 마지막에 대파를 넣고 한소끔 끓이면 완성!

재료

콩비지 1/2팩(200g), 신김치 2/3컵, 돼지고기 100g, 대파 1/5대(생략 가능), 식용유 1~2큰술, 김칫국물 3큰술, 고춧가루 1큰술, 다진 마늘 1/3큰술, 물 1.5컵(300ml), 새우젓 1큰술

TIP

· 새우젓은 멸치액젓, 참치액, 국간장으로 대체 가능해요.

· 콩비지의 되직함에 따라 물의 양은 조절해 주세요.

· 돼지고기의 부위는 앞다리살, 삼겹살, 다짐육이 좋아요.

요리 영상

꼬치없는닭꼬치 1.5인분 ⓒ 25분

만드는 법

1. 닭다리살은 한입 크기로 썰고 대파는 4~5cm 정도 크기로 잘라주세요.

2. 소스를 만들어주세요.

3. 프라이팬에 식용유를 살짝 두르고, 닭다리살을 껍질이 아래로 가도록 올리고 대파도 함께 올려 중불로 구워주세요.

4. 대파와 닭다리살의 껍질이 노릇해지면 뒤집어줍니다.

5. 대파과 닭다리살이 다 익으면 만들어 둔 소스를 붓고 센불로 잘 어우러지도록 바짝 조리면 완성!

재료

닭다리살 1팩(350g), 대파 흰 대 부분, 식용유 2큰술

* 소스 재료

진간장 3.5큰술, 청주 1큰술, 맛술 1큰술, 설탕 1큰술

TIP

• 청주는 청하로 사용했어요. 일반 소주는 쓴맛이 날 수 있어 추천하지 않아요.

요리 영상

에그마요토스트 1인분 ⏱5분

3월
30일

만드는 법

1. 식빵 1장에 마요네즈 1큰술을 얇게 펴 바르고 설탕을 뿌려주세요.

2. 식빵 테두리 부분에 네모나게 마요네즈를 짜주세요.

3. 네모나게 짠 마요네즈 안에 달걀 1개를 올리고 소금 1꼬집을 뿌린 뒤 노른자는 포크로 콕콕 찔러 터뜨려주세요.

4. 전자레인지에 1분 30초 동안 돌리면 완성!

TIP

· 에어프라이어로 만들 경우, 180도로 8~10분간 돌려주세요.

· 식빵 테두리에 마요네즈를 빈틈없이 올려야 달걀이 흐르지 않아요.

요리 영상

재료

식빵 1장, 마요네즈 1큰술, 설탕 1/2~1큰술, 소금 1꼬집, 달걀 1개, 파슬리 약간(생략 가능)

얼갈이된장국 2인분 ⏱ 20분

9월
29일

만드는 법

1. 대파는 송송 썰고, 얼갈이는 깨끗이 씻어준 뒤 물에 소금 1/2큰술을 넣고 1분 정도 데쳐 찬물로 헹구고 물기를 짜주세요.

2. 데친 얼갈이는 먹기 좋게 자른 후 된장 2큰술, 다진 마늘 1/2큰술, 고춧가루 1/2큰술을 넣고 무쳐주세요.

3. 냄비에 물 800ml, 동전 육수 1개, 무쳐둔 얼갈이를 넣고 끓여주세요.

4. 끓기 시작하면 뚜껑을 덮고 중약불로 10분간 끓여주세요.

5. 대파를 넣고 한소끔 더 끓이면 완성!

재료

얼갈이 150g, 대파 1/5대, 물 4컵(800ml), 된장 2큰술, 동전 육수(또는 다시팩) 1개, 소금 1/2큰술, 다진 마늘 1/2큰술, 고춧가루 1/2큰술

요리 영상

콩비지전 1인분 ⓒ10분

3월
31일

만드는 법

1. 믹싱볼에 콩비지, 달걀 1개, 부침가루 1큰술, 소금 1작은술을 넣고 잘 섞어주세요.
2. 프라이팬에 식용유를 두르고 1을 한 숟가락씩 떠서 올려주세요.
3. 가장자리가 노릇해지기 시작하면 뒤집어 앞뒤로 노릇노릇하게 부쳐주면 완성!

재료

콩비지 1/2팩(200g), 달걀 1개, 부침가루 1큰술, 소금 1작은술, 식용유
3큰술

 TIP

• 다진 김치, 돼지고기, 베이컨 등을 추가하면 더 맛있어요.

요리 영상

잼퀘사디아 1인분 ⏱ 10분

만드는 법

1. 토르티야 반쪽에 잼을 바르고 모짜렐라치즈를 올린 뒤 반으로 접어주세요.

2. 마른 프라이팬에 토르티야를 올리고 약불로 노릇하게 구워주세요.

3. 한 번 더 반복한 후 퀘사디아를 먹기 좋게 자르면 완성!

재료

토르티야 2장, 잼(딸기잼, 사과잼 등 좋아하는 잼), 모짜렐라치즈 2줌

4월

4월의 제철 재료

달래

매콤하고 향긋한 달래는 알리신 성분을 갖고 있어 원기회복과 자양강장에 좋아요. 잎이 진한 녹색이고 알뿌리는 둥글고 윤기가 나는 것을 골라야 해요. 냉장고에 보관할 때는 달래에 물을 살짝 뿌려준 뒤 키친타월을 감싸 비닐팩에 넣어 냉장고 신선실에 보관해요. 달래는 간장 양념장에 넣어 먹기도 하고 나물, 전, 찌개 등에 다양하게 활용할 수 있어요.

주꾸미

봄철 주꾸미는 알이 꽉 차 있어요. 타우린이 풍부해 바다에서 온 천연 피로회복제라고 불릴 만큼 영양 성분도 뛰어나요. 만졌을 때 머리와 몸통이 탱탱하고 눈이 투명하고 깨끗한 것을 골라야 해요. 주꾸미숙회, 주꾸미삼겹살, 주꾸미볶음, 주꾸미무침, 샤브샤브 등으로 활용할 수 있어요.

베이컨숙주볶음밥 1인분 ⏱ 15분

9월
27일

만드는 법

1. 숙주는 깨끗이 세척 후 물기를 빼고, 대파 1/2대는 송송 썰고, 베이컨 3줄은 1~2cm 길이로 잘라주세요.

2. 프라이팬에 식용유를 두르고 베이컨과 대파를 볶아주세요.

3. 베이컨이 노릇해지기 시작하면 밥 1공기, 굴소스 1큰술을 넣고 잘 섞어가며 볶아주세요.

4. 마지막에 숙주, 후추를 넣고 센불로 30초 동안 볶아주면 완성!

재료

밥 1공기, 숙주 1줌(50g), 베이컨 3줄, 대파 1/2대, 식용유 2큰술, 굴소스 1큰술, 후추 약간

요리 영상

얼큰달걀탕 2인분 ⓘ 10분

4월
1일

만드는 법

1. 양파 1/2개는 채 썰고 대파 1/3대는 송송 썰어주세요.

2. 달걀 3개는 잘 풀어서 준비해 주세요.

3. 프라이팬에 식용유 2큰술을 두르고 양파, 대파를 넣고 볶다가 양파가 반투명해지면 고춧가루 1큰술을 넣고 타지 않게 약불로 30초 정도 볶아주세요.

4. 물 600ml를 넣고 다진 마늘 2/3큰술, 국간장 1큰술, 참치액 2큰술을 넣고, 치킨스톡 1작은술로 간을 한 뒤 물이 끓으면 달걀물을 빙 둘러주세요.

5. 달걀이 떠오르면 살살 저어주고 취향껏 후추를 뿌려주면 완성!

재료

달걀 3개, 양파 1/2개, 대파 1/3대, 식용유 2큰술, 고춧가루 1큰술, 물 3컵(600ml), 다진 마늘 2/3큰술, 국간장 1큰술, 참치액(또는 멸치액젓) 2큰술, 치킨스톡 1작은술(또는 다시다), 후추 약간

TIP

· 조금 더 얼큰하게 먹고 싶다면 매운 고춧가루 또는 청양고추를 추가해 주세요.

요리 영상

오삼불고기 2인분 ⏱ 20분

9월
26일

만드는 법

1. 오징어는 먹기 좋게 썰고, 양파 1/2개는 채 썰고, 대파 1/2대는 큼직하게 썰어주세요.

2. 프라이팬에 대패삼겹살, 맛술 3큰술을 넣고 볶아주세요.

3. 고기가 거의 다 익으면 잠시 불을 끄고 오징어, 양파, 대파, 고추장 1큰술, 설탕 1/2큰술, 진간장 3큰술, 고춧가루 2큰술, 다진 마늘 1큰술, 후추를 넣고 센불로 볶아주세요.

4. 오징어와 채소가 다 익으면 완성!

재료

오징어 1마리(250g), 대패삼겹살 300g, 양파 1/2개, 대파 1/2대, 맛술 3큰술, 고추장 1큰술, 설탕 1/2큰술, 진간장 3큰술, 고춧가루 2큰술, 다진 마늘 1큰술, 후추 약간

요리 영상

오이참치비빔밥 1인분 ⏱10분

4월
2일

1. 오이 1/2개는 깨끗이 씻어 작게 깍둑 썰어주세요.

2. 참치캔 1개는 기름을 빼서 준비합니다.

3. 달걀프라이 1개를 만들어주세요.

4. 밥 위에 오이, 참치캔, 달걀프라이를 올린 후 쯔유 1큰술, 참기름 1큰술을 뿌려주면 완성!

재료

오이 1/2개, 달걀 1개, 참치캔 1개, 밥 1공기, 쯔유(또는 진간장) 1큰술, 참기름 1큰술

TIP

• 스리라차를 추가로 뿌리면 더 맛있어요.

요리 영상

쑥갓전 1인분 ⏱15분

9월
25일

요리 영상

만드는 법

1. 홍고추는 송송 썰고 쑥갓은 깨끗이 세척한 뒤 2~3cm 길이로 잘라주세요.

2. 부침가루 1/2컵에 물 1/2컵을 붓고 섞어준 뒤 쑥갓과 홍고추를 넣고 잘 섞어주세요.

3. 식용유를 두른 프라이팬에 앞뒤로 노릇하게 부치면 완성!

재료

쑥갓 150g, 홍고추(또는 청양고추) 1개, 부침가루 1/2컵, 물 1/2컵 (100ml), 식용유 3~4큰술

＊초간장 재료
양조간장 1큰술, 식초 1큰술, 깨 약간

TIP

· 반죽과 재료의 비율은 취향에 맞게 조절해 주세요.

돼지불백 2인분 ⏱ 20분

4월
3일

1. 양파 1/2개는 채 썰고, 대파 1/3대는 송송 썰어주세요.

2. 믹싱볼에 설탕 2.5큰술, 맛술 3큰술, 진간장 5큰술, 다진 마늘 1큰술, 후추 약간, 다진 생강 1작은술을 넣고 섞어준 후 목살을 넣고 버무려주세요.

3. 프라이팬에 식용유를 두르고 2와 양파, 대파를 넣고 볶아주세요.

4. 고기가 거의 다 익었으면 센불로 올리고 굽듯이 바싹 익혀줍니다.

5. 마지막에 설탕 1/2큰술을 고기 위에 뿌리고 빠르게 볶아 한 번 코팅해 주면 완성!

재료

얇게 썬 목살 500g, 양파 1/2개, 대파 1/3대, 설탕 3큰술(2.5큰술, 1/2큰술), 맛술 3큰술, 진간장 5큰술, 다진 마늘 1큰술, 후추 약간, 다진 생강 1작은술(생략 가능), 식용유 1큰술

요리 영상

제육덮밥

1인분 ⏱ 25분

만드는 법

1. 대파 1/2대는 길게 반 자른 뒤 큼직하게 썰고, 양파 1/2개도 채 썰어주세요.

2. 웍이나 프라이팬에 대패삼겹살, 맛술 1큰술을 넣고 볶아주세요.

3. 반 이상 익었으면 설탕 1/2큰술, 다진 마늘 2/3큰술을 넣고 볶아주세요.

4. 고기가 다 익었으면, 고추장 1/2큰술, 진간장 1.5큰술, 고춧가루 1큰술, 양파, 대파를 넣고 채소가 익을 때까지만 볶아주세요.

5. 접시에 밥과 제육볶음을 담으면 완성!

재료

밥 1공기, 대패삼겹살 200~250g, 대파 1/2대, 양파 1/2개, 맛술 1큰술, 설탕 1/2큰술, 다진 마늘 2/3큰술, 고추장 1/2큰술, 진간장 1.5큰술, 고춧가루 1큰술, 후추 약간(선택)

TIP

• 기름이 많이 나오면 양념하기 전에 키친타월로 기름을 살짝 닦아낸 후 만들어주세요. 완전히 다 닦아낼 경우 나중에 고춧가루 양념이 탈 수 있어요.

요리 영상

오이고추된장무침 1.5인분 ⏱ 5분

만드는 법

1. 오이고추는 깨끗이 씻은 후 2cm 정도 크기로 잘라주세요.

2. 믹싱볼에 오이고추, 된장 1큰술, 다진 마늘 1/2큰술, 참기름 1큰술, 깨 1/2큰술을 넣고 버무려주면 완성!

재료

오이고추 4~5개, 된장 1큰술, 다진 마늘 1/2큰술, 참기름 1큰술, 깨 1/2큰술

TIP

· 양파도 오이고추와 비슷한 크기로 썰어 함께 무쳐 먹으면 더 맛있어요.

요리 영상

숙주나물무침 2인분 ⏱ 10분

만드는 법

1. 숙주는 깨끗이 씻어 끓는 물에 2분간 데쳐주세요.

2. 데친 숙주는 찬물에 식힌 후 물기를 빼주세요.

3. 그릇에 숙주, 다진 마늘 1작은술, 국간장 1/2큰술, 참치액 1/2큰술, 다진 대파 1큰술, 참기름 1큰술을 넣고 살살 버무려주세요.

4. 부족한 간을 소금 2꼬집으로 맞추고 깨를 뿌려주면 완성!

재료

숙주 1봉(250g), 다진 마늘 1작은술, 국간장 1/2큰술, 참치액 1/2큰술, 다진 대파 1큰술, 참기름 1큰술, 깨 1/2큰술, 소금 2꼬집

요리 영상

메추리알장조림 2.5인분 ⏱ 25분

만드는 법

1. 깐 메추리알은 물로 헹궈서 준비해 주세요.

2. 냄비에 메추리알, 물 400ml, 진간장 6~7큰술, 참치액 1큰술, 설탕 1큰술, 물엿 2~3큰술을 넣어줍니다.

3. 강불로 시작해 끓기 시작하면 중강불로 줄이고 15분 정도 조려주면 완성!

재료

깐 메추리안 500g, 물 2컵(400ml), 진간장 6~7큰술, 참치액 1큰술(또는 동전 육수 1개), 설탕 1큰술, 물엿 2~3큰술

TIP

· 입맛에 따라 조리는 시간을 조절해 주세요. 오래 조릴수록 식 감은 탱탱해지고 더 짭짤해요.

요리 영상

꽃게탕

1.5인분 ⊘ 30분

9월
22일

만드는 법

1. 무는 0.5cm 두께로 자르고, 애호박 1/3개, 대파 1/5대, 청양고추 1개는 먹기 좋게 잘라 준비합니다.

2. 꽃게는 솔로 문질러 깨끗이 씻은 후, 살이 없는 다리 끝부분, 배딱지, 입, 아가미 등을 제거하여 먹기 좋게 잘라주세요.

3. 냄비에 물 800ml, 된장 1큰술, 무를 넣고 뚜껑을 덮은 후 10분 정도 끓여주세요.

4. 뚜껑을 열고 꽃게와 다진 마늘 1큰술을 넣고 끓이다가, 꽃게가 다 익으면 애호박, 고춧가루 1.5큰술, 참치액 2큰술을 넣고 간을 맞춘 뒤 5분 더 끓여주세요.

5. 대파, 쑥갓, 청양고추를 넣고 한소끔 더 끓이면 완성!

재료

꽃게 1마리(300g), 무 50g, 애호박 1/3개, 대파 1/5대, 청양고추 1개,
쑥갓(또는 미나리) 1줌, 물 4컵(800ml), 된장 1큰술, 다진 마늘 1큰술,
고춧가루 1.5큰술, 참치액(다른 액젓으로 대체 가능) 2큰술

TIP

· 다시다(조개, 멸치, 해물 등)를 약간 넣어도 좋아요.

요리 영상

비빔만두

1인분 ⏱ 15분

만드는 법

1. 양배추와 양파는 채 썰어서 준비합니다.
2. 양념장을 만들어주세요.
3. 채 썬 양배추와 양파에 양념장을 넣고 버무려주세요.
4. 식용유를 넉넉히 두른 프라이팬에 만두를 노릇노릇하게 구워 비빔 야채와 함께 접시에 올리면 완성!

재료

납작만두(군만두 또는 교자만두로 대체 가능) 8장(150g), 양배추 작은 것 1/4개(150g), 양파 1/4개

* 양념장 재료
고추장 1큰술, 고춧가루 1큰술, 진간장 1큰술, 식초 2큰술, 설탕 1큰술, 참기름 1/2큰술

TIP

- 양념장을 초간단 버전으로 먹고 싶다면 초고추장 3큰술에 참기름 1/2큰술을 섞어도 돼요.
- 깻잎, 당근 등 냉장고에 있는 채소를 추가로 넣어도 좋아요.

요리 영상

애플파이 1인분 ⏱ 15분

9월
21일

만드는 법

1. 만두피 가장자리에 물을 발라주고 가운데 사과잼을 올려주세요.

2. 위아래 옆면을 꼼꼼히 접어 춘권 모양처럼 만들어주세요.

3. 식용유를 두른 프라이팬에 노릇하게 튀겨주면 완성!

TIP

- 사과잼 레시피는 9월 14일을 참고해 주세요.
- 만두를 반달 모양으로 접어도 좋아요.

요리 영상

재료

만두피 5장, 사과잼 5큰술, 물 약간, 식용유 3큰술

당근라페 1.5인분 ⏱ 20분

4월
7일

요리 영상

만드는 법

1. 당근 2개는 깨끗이 씻어 껍질을 필러로 깎고 채칼이나 칼로 얇게 채 썰어주세요.

2. 채 썬 당근에 소금 1작은술을 넣고 10분간 절인 뒤 당근에서 나온 물기를 손으로 짜주세요.

3. 당근에 올리브유 3큰술, 레몬즙 2큰술, 올리고당 1큰술, 홀그레인머스터드 1.5큰술을 넣고 잘 섞어주면 완성!

TIP

- 단맛은 입맛에 맞게 가감해 주세요.
- 바로 먹어도 맛있지만 냉장고에 숙성하면 더 맛있어요.
- 당근라페는 샐러드, 김밥, 샌드위치 등에 활용할 수 있어요.

재료

당근 중간 크기 2개, 소금 1작은술, 올리브유 3큰술, 레몬즙(또는 식초) 2큰술, 올리고당 1큰술, 홀그레인머스터드 1.5큰술

참나물겉절이 1.5인분 ⓘ 10분

9월
20일

만드는 법

1. 참나물을 깨끗이 씻어 먹기 좋게 잘라주세요.

2. 양파 1/4개는 얇게 채 썰어주세요.

3. 믹싱볼에 참나물, 양파, 진간장 1큰술, 식초 1큰술, 설탕 1/2큰술, 고춧가루 1/2큰술, 다진 마늘 1작은술을 넣고 가볍게 무쳐주세요.

4. 깨 1/2큰술을 뿌리면 완성!

재료

참나물 100g, 양파 1/4개, 진간장(또는 양조간장) 1큰술, 식초 1큰술, 설탕 1/2큰술, 고춧가루 1/2큰술, 다진 마늘 1작은술, 깨 1/2큰술

요리 영상

맑은콩나물국 2.5인분 ⏱ 10분

4월
8일

1. 콩나물은 깨끗이 씻고, 대파 1/4대는 송송 썰어서 준비해 주세요.

2. 냄비에 물 1.5L를 붓고 물이 끓으면 콩나물을 넣어주세요.

3. 다진 마늘 1큰술, 국간장 1큰술, 멸치액젓 1큰술, 새우젓 1/3큰술을 넣고 3분간 끓여주세요.

4. 부족한 간은 소금 1작은술을 넣어 맞추고, 대파를 넣고 한소끔 끓이면 완성!

재료

콩나물 1봉(200g), 대파 1/4대, 물 7.5컵(1.5L), 다진 마늘 1큰술, 국간장 1큰술, 멸치액젓 1큰술, 새우젓 1/3큰술, 소금 1작은술

TIP

· 새우젓 대신 동전 육수 2개를 넣어도 좋아요.

요리 영상

당면달걀만두 1인분 ⏱ 20분

9월
19일

미리 준비해 주세요

당면은 30분 동안 물에 불리거나 끓는 물에 7분 정도 삶아주세요.

만드는 법

1. 대파 1/4대는 다져주세요.

2. 삶은 당면을 가위로 자른 뒤, 다진 대파, 다진 마늘 1작은술, 진간장 1큰술, 설탕 1/3큰술, 후추, 참기름 1/2큰술, 달걀 2개를 넣고 잘 섞어주세요.

3. 프라이팬에 식용유를 두르고 작은 크기로 당면 달걀물을 올린 뒤 아랫면이 익으면 반으로 접어서 노릇하게 부쳐주면 완성!

재료

당면 50g, 달걀 2개, 대파 1/4대, 식용유 3큰술, 다진 마늘 1작은술, 진간장 1큰술, 설탕 1/3큰술, 후추 약간, 참기름 1/2큰술

TIP

• 당면을 불리면 조금 더 쫄깃해지고, 끓이면 식감이 더 부드러워져요.

요리 영상

달래파스타 <small>1인분 ⏱ 20분</small>

4월
9일

만드는 법

1. 마늘 5개는 편 썰고, 달래는 깨끗이 씻어준 후 3~4cm 간격으로 자르고 머리 부분은 따로 빼둡니다.

2. 냄비에 물을 가득 붓고 소금 1큰술을 넣은 후 물이 끓기 시작하면 파스타면을 넣고 7분간 삶은 뒤 건져주세요. (이때 면수는 버리지 마세요.)

3. 프라이팬에 올리브유를 두르고 마늘과 페페론치노 3개를 넣어 볶다가 노릇해지면 달래의 머리 부분을 넣고 1분간 볶아주세요.

4. 삶아둔 파스타면, 면수 4국자, 치킨스톡 1/3큰술을 넣고 볶아주세요.

5. 달래의 나머지 초록색 부분을 넣고 20초 정도만 볶아주면 완성!

재료

달래 1묶음(100g), 파스타면 100g(동전 100원 크기), 올리브유 5큰술, 통마늘 5개, 페페론치노 3개(청양고추 1개로 대체 또는 생략 가능), 소금 1큰술, 치킨스톡(또는 참치액) 1/3큰술

요리 영상

양파장아찌 ⓒ 20분

만드는 법

1. 양파 2개는 먹기 좋게 잘라주세요.

2. 냄비에 물 100ml, 진간장 100ml, 식초 100ml, 설탕 70ml를 넣고 설탕이 다 녹을 때까지 끓여주세요.

3. 5분 정도 식힌 간장물을 양파 위에 부어주세요.

4. 뚜껑을 덮어 냉장고에 보관해 주면 완성!

TIP

· 양파장아찌는 만들고 1시간 뒤부터 먹을 수 있어요.

· 물, 진간장, 식초, 설탕의 기본 비율은 1:1:1:1이지만 설탕의 비율을 줄였으니, 단맛은 입맛에 맞게 조절해 주세요.

· 매콤하게 청양고추를 추가로 넣어도 좋아요.

요리 영상

재료

큰 양파 2개, 물 1/2컵(100ml), 진간장 1/2컵(100ml), 식초 1/2컵(100ml), 설탕 1/3컵(70ml)

만두볶음밥 1인분 ⏱ 15분

만드는 법

1. 전자레인지 용기에 냉동 만두와 물 1큰술을 넣고 랩을 씌운 후 2분간 돌려주고 가위로 잘게 잘라주세요.
2. 달걀프라이 1개를 만들어 따로 빼둡니다.
3. 프라이팬에 식용유를 두르고 잘게 자른 만두를 넣고 볶다가 노릇해지면 밥 1공기를 넣고 함께 볶아주세요.
4. 볶음밥은 한쪽으로 밀고 진간장 1/2큰술을 넣어 잘 섞어줍니다.
5. 볶음밥 위에 달걀프라이를 올리면 완성!

재료

냉동 만두 4~5개, 물 1큰술, 달걀 1개, 식용유 2큰술, 밥 1공기, 진간장 1/2큰술

TIP

· 케첩을 뿌려 먹어도 맛있어요.

요리 영상

들깨뭇국

2인분 20분

9월 17일

만드는 법

1. 무는 굵게 채 썰고 대파 1/5대는 송송 썰어주세요.
2. 냄비에 무, 들기름 1큰술, 물 800ml, 국간장 1큰술, 참치액 1큰술, 다진 마늘 1/2큰술을 넣고 무가 투명해질 때까지 끓여주세요.
3. 무가 다 익었으면 들깻가루 3큰술, 대파를 넣고 한소끔 더 끓이면 완성!

재료

무 250g, 대파 1/5대, 들기름 1큰술, 물 4컵(800ml), 국간장 1큰술, 참치액(다른 액젓 가능) 1큰술, 다진 마늘 1/2큰술, 들깻가루 3큰술

TIP

- 싱거울 경우 부족한 간은 소금으로 맞춰주세요.

요리 영상

팽이버섯덮밥 1인분 ⏱ 15분

만드는 법

1. 양념장을 만들어주세요.
2. 양파 1/2개는 채 썰고, 대파 1/4대는 송송 썰고, 팽이버섯은 2~3등분으로 잘라주세요.
3. 프라이팬에 달걀프라이를 하나 만들어 빼두고, 양파와 대파가 반쯤 익을 때까지 볶아주세요.
4. 팽이버섯을 넣고 함께 볶다가 숨이 죽으면 만들어둔 양념장을 넣고 약불로 1분 정도 조리다 참기름 1/2큰술을 넣은 후 불을 꺼주세요.
5. 밥 위에 팽이버섯볶음과 달걀프라이를 올리면 완성!

재료

밥 1공기, 팽이버섯 1봉(150g), 양파 1/2개, 대파 1/4대, 달걀 1개, 식용유 2큰술, 참기름 1/2큰술

*** 양념장 재료**
진간장 1큰술, 고추장 1/2큰술, 디진 마늘 1/2큰술, 고춧가루 1큰술, 올리고당 1/2큰술, 물 3큰술

요리 영상

잡채밥

1인분 · 🕐 15분

미리 준비해 주세요

찬물 또는 미지근한 물에 당면을 30분 동안 불려주세요.

만드는 법

1. 불린 당면은 먹기 좋게 가위로 썰고, 양파는 채 썰고, 대파는 다져주세요.

2. 식용유 2큰술을 두른 프라이팬에 고기를 넣고 살짝 볶다가, 다진 대파, 다진 마늘 1/3큰술을 넣고 볶아주세요.

3. 고기가 하얗게 익으면 고춧가루 1/2큰술, 진간장 1큰술을 넣고 볶아줍니다.

4. 채 썬 양파를 넣고 센불로 볶다가 살짝 숨이 죽으면 후추, 굴소스 1큰술로 살짝 짭짤하게 간을 맞춰줍니다.

5. 불린 당면, 부추를 넣고 볶다가 당면이 익으면 참기름을 살짝 넣고 마무리한 뒤 밥 위에 올려주면 완성!

TIP

· 잡채용 고기는 어묵으로 대체 가능해요.
· 달걀프라이를 올리면 더 맛있어요.
· 뻑뻑하다면 물을 살짝 추가해서 볶아주세요.

요리 영상

재료

밥 1공기, 잡채용 고기 100g, 당면 100g, 양파 1/2개, 대파 1/5대, 식용유 2큰술, 송송 썬 부추 1줌, 다진 마늘 1/3큰술, 고춧가루 1/2큰술(생략 가능), 진간장 1큰술, 후추 약간, 굴소스 1큰술, 참기름 약간

주꾸미볶음 2인분 ⏱ 20분

4월
12일

만드는 법

1. 주꾸미에 밀가루를 넣고 바락바락 주무른 뒤 깨끗이 씻어 가위로 먹기 좋게 잘라 주세요.

2. 양파 1/2개는 채 썰고, 대파 1/2대는 어슷 썰어주세요.

3. 양념장을 만들어주세요.

4. 아무것도 두르지 않은 프라이팬에 주꾸미를 볶다가 물이 나오면 물을 따라내고, 식용유를 두르고 양념장과 채소를 넣어 강불에 빠르게 볶아주세요.

5. 채소가 다 익으면 완성!

재료

주꾸미 500g, 밀가루 2큰술, 양파 1/2개, 대파 1/2대, 식용유 2큰술

* 양념장 재료

진간장 3큰술, 고추장 1/2큰술, 맛술 2큰술, 올리고당 2큰술, 고춧가루 3큰술, 다진 마늘 1큰술

요리 영상

돼지갈비찜 2인분 ⓘ 1시간

9월
15일

만드는 법

1. 끓는 물에 돼지갈비를 넣고 5분간 데친 뒤 찬물로 씻어주세요.

2. 양파 1/2개는 다지고, 대파 1/2대는 한입 크기로 큼직하게 썰고, 무는 먹기 좋은 크기로 자른 뒤 모서리를 둥글게 깎아주세요.

3. 냄비에 데친 돼지갈비, 다진 양파, 진간장 6큰술, 맛술 3큰술, 설탕 2큰술, 다진 마늘 2/3큰술, 후추 약간, 물 600ml를 넣고 뚜껑을 연 채로 10분간 끓여주세요.

4. 뚜껑을 덮고 30분 더 끓인 뒤, 무, 물엿 1큰술, 물 100ml를 추가한 후 뚜껑을 덮고 15분간 끓여주세요.

5. 마지막에 대파를 넣고 살짝만 졸이면 완성!

재료

돼지갈비 600g, 양파 1/2개, 무 150g, 대파 1/2대, 진간장 6큰술, 맛술 3큰술, 설탕 2큰술, 다진 마늘 2/3큰술, 후추 약간, 물 3.5컵(700ml), 물엿 1큰술

TIP

· 끓이면서 물이 너무 졸아들면 중간중간 물을 추가해 주세요.

· 싱거우면 간장을 좀 더 넣어주세요.

요리 영상

달래전 1인분 ⓣ10분

만드는 법

1. 달래는 깨끗이 씻어 4~5cm 크기로 썰어주세요.

2. 부침가루 1/2컵과 물 100ml를 섞어 반죽을 만든 후 달래를 넣고 섞어주세요.

3. 식용유를 넉넉히 두른 프라이팬에 달래 넣은 반죽을 올리고 얇게 펼쳐주세요.

4. 중약불로 노릇하게 부쳐내면 완성!

재료

달래 1묶음(100g), 부침가루 1/2컵, 물 1/2컵(100ml), 식용유 3~4큰술

요리 영상

사과잼 ⓣ 40분

9월
14일

만드는 법

1. 사과는 껍질을 제거한 뒤 다져주세요.

2. 냄비에 다진 사과, 레몬즙 3큰술, 설탕을 넣고 뚜껑을 덮은 후 가장 약한 불로 15분 간 끓여주세요.

3. 설탕이 녹고 물이 나오기 시작하면 잘 저어준 뒤 다시 뚜껑을 덮고 중불로 중간중 간 저어가며 15분간 끓여주세요.

4. 마지막에 뚜껑을 열고 계핏가루를 넣은 뒤 적당한 농도로 졸여주면 완성!

재료

사과 2개(400g), 설탕 1컵(200g), 레몬즙 3큰술(생략 가능), 계핏가루 1/3큰술(생략 가능)

TIP

· 식으면 더 꾸덕꾸덕해지니 잼이 살짝 묽을 때 불을 꺼주세요.

· 설탕은 사과 무게의 30~50% 비율로 맞추는 걸 추천해요. 덜 달게 먹고 싶다면 30%로 맞춰주세요.

요리 영상

팬케이크핫도그 1인분 ⏱ 15분

4월
14일

만드는 법

1. 비엔나소시지는 끓는 물에 1~2분 정도 데쳐주세요.

2. 팬케이크믹스 1컵, 달걀 1개, 우유 150ml를 넣고 반죽해 주세요.

3. 프라이팬에 식용유를 살짝 두른 뒤 키친타월로 살짝 닦아내고 약불로 줄여 팬케이크 반죽을 1국자 올려주세요.

4. 기포가 생기면 소시지를 올리고 반죽을 접어 올려 모양을 잡아주세요.

5. 케첩이나 머스터드를 취향껏 뿌려주면 완성!

재료

비엔나소시지 5개, 팬케이크믹스 1컵, 달걀 1개, 우유 3/4컵(150ml), 케첩(또는 머스터드), 식용유 1큰술

TIP

• 팬케이크는 제품에 따라 달걀과 우유의 양이 다를 수 있어요.

요리 영상

애호박두부조림 1.5인분 ⓘ 20분

9월
13일

1. 애호박 2/3개는 동그랗게 썰고, 두부 2/3모는 비슷한 두께로 먹기 좋게 썰고, 대파 1/3대는 다져주세요.

2. 프라이팬에 들기름 1큰술, 식용유 1큰술을 넣고 두부와 애호박을 앞뒤로 노릇하게 부쳐주세요.

3. 양념장을 만들어서 다진 대파를 섞은 후 2에 부어주세요.

4. 약불로 양념장을 끼얹어가며 살짝 조려주면 완성!

재료

애호박 2/3개, 두부 2/3모(200g), 대파 1/3대, 들기름 1큰술, 식용유 1큰술

* 양념장 재료
물 1컵(200ml), 진간장 3큰술, 참치액 1큰술, 설탕 1작은술, 고춧가루 1큰술, 다진 마늘 1/2큰술

요리 영상

팽이버섯달걀국 2.5인분 ⏱10분

4월
15일

요리 영상

만드는 법

1. 대파 1/5대는 송송 썰고, 팽이버섯은 2~3등분으로 잘라주세요.

2. 달걀 2개는 잘 풀어서 준비해 주세요.

3. 냄비에 물 700ml, 국간장 1큰술, 참치액 1큰술, 다진 마늘 1/2큰술, 다시다 1/3큰술을 넣고 끓여주세요.

4. 물이 끓으면 푼 달걀을 빙 둘러 넣고 떠오르면 살살 저어주세요.

5. 팽이버섯, 대파를 넣고 한소끔 끓인 뒤 후추를 뿌려주면 완성!

재료

팽이버섯 1봉(150g), 대파 1/5대, 달걀 2개, 물 3.5컵(700ml), 국간장 1큰술, 참치액(또는 멸치액젓) 1큰술, 다진 마늘 1/2큰술, 다시다(또는 치킨스톡) 1/3큰술, 후추 약간

전자레인지버섯밥 1인분 ⏱ 10분

만드는 법

1. 버섯을 먹기 좋게 썰어주세요.

2. 내열 용기에 밥 1공기와 버섯을 담고 랩을 씌운 후 전자레인지에 3분간 돌려주세요.

3. 양념장을 만들어주세요.

4. 버섯밥에 양념장을 넣으면 완성!

재료

좋아하는 버섯 150g, 밥 1공기(200g)

* 양념장 재료

진간장 1.5큰술, 국간장 1/2큰술, 참기름 1큰술, 깨 1/3큰술, 고춧가루
1/3큰술, 다진 대파(또는 쪽파) 1큰술

요리 영상

가지치즈가츠 1인분 ⏱ 15분

만드는 법

1. 가지는 도톰하게 자른 후 치즈를 끼울 수 있게 반을 살짝 갈라 칼집을 내주세요.
2. 가지에 소금으로 간을 한 뒤 치즈는 가지 크기에 맞게 잘라서 가지 안에 껴주세요.
3. 달걀을 잘 풀어줍니다.
4. 가지를 밀가루, 달걀물, 빵가루 순으로 꼼꼼히 묻혀주세요.
5. 프라이팬에 식용유를 넉넉히 두르고 노릇노릇하게 튀겨내면 완성!

재료

가지 1개, 소금 3꼬집, 체더치즈 2장, 밀가루 3큰술, 달걀 1~2개, 빵가루 1컵, 식용유 5~6큰술

요리 영상

순살고등어덮밥 1인분 ⏱ 20분

만드는 법

1. 쪽파는 송송 썰고 순살고등어에 전분가루를 앞뒤로 묻혀주세요.

2. 소스를 만들어주세요.

3. 고등어는 식용유를 두른 프라이팬에 껍질 쪽부터 올린 뒤 약불로 천천히 구워주세요.

4. 살코기 부분이 80~90% 정도 익을 때까지 기다렸다가 뒤집어서 반대쪽도 익혀줍니다.

5. 기름을 닦아낸 후 소스를 붓고 끼얹어가면서 살짝 졸여준 뒤 밥 위에 소스와 함께 고등어를 올리고 마무리로 쪽파도 올려주면 완성!

재료

순살고등어 1팩(1/2마리), 쪽파 3줄(또는 대파), 밥 1공기, 식용유 3큰술, 전분가루 1큰술

* 소스 재료
설탕 1큰술, 진간장 2큰술, 청주 3큰술, 맛술 2큰술, 다진 생강 1작은술

TIP

· 청주는 청하로 사용했어요. 일반 소주는 쓴맛이 날 수 있어 추천하지 않아요.

· 청주가 없다면 물로 대체해도 좋아요.

· 고추냉이, 초생강, 채 썬 생강 등 좋아하는 재료를 토핑해도 좋아요.

요리 영상

카레 3.5인분 ⏱ 20분

만드는 법

1. 양파 1개, 당근 1개, 감자 2개는 비슷한 크기로 깍둑 썰어주세요.

2. 프라이팬에 식용유를 두르고 다짐육을 넣고 볶다가 반 정도 익으면 썰어둔 채소를 넣고 3분 정도 볶아주세요.

3. 물을 넣고 감자, 당근이 다 익으면 약한 불로 줄이고 고형카레를 넣고 녹여주세요.

4. 2~3분 정도 더 끓이면 완성!

재료

돼지고기 다짐육 200g, 양파 1개, 당근 1개, 감자 2개, 식용유 3큰술,
고형카레 4조각, 물 4컵(800ml)

TIP

· 고형카레는 제품마다 양이 다를 수 있으니, 확인 후 3~4인분
만큼 넣어주세요.

요리 영상

얼큰버섯매운탕

2인분 ⏱ 20분

만드는 법

1. 양파 1/2개는 채 썰고, 대파 1/6대와 청양고추 1개는 어슷 썰고 버섯은 먹기 좋게 잘라주세요.

2. 냄비에 양파를 깔고 버섯, 대파, 청양고추, 다진 마늘 1큰술, 고춧가루 2큰술을 올려주세요.

3. 사골곰탕 500g, 물 100ml, 국간장 1큰술, 참치액 1큰술을 넣고 10분간 끓인 뒤 후추를 뿌리면 완성!

재료

좋아하는 버섯 2~3종류(300~400g), 양파 1/2개, 청양고추 1개, 대파 1/6대, 다진 마늘 1큰술, 고춧가루 2큰술, 사골곰탕 육수 1팩(500g), 물 1/2컵(100ml), 국간장 1큰술, 참치액 1큰술(새우젓 1/2큰술 또는 다시다 1/2큰술로 대체 가능), 후추 약간

TIP

· 버섯의 종류는 상관없어요. 좋아하는 버섯을 넣어주세요.

· 샤브샤브용 소고기를 넣으면 소고기버섯매운탕, 두부를 넣으면 버섯두부매운탕이에요.

· 사골곰탕 육수가 무염이라면 간을 입맛에 맞게 더해 주세요.

요리 영상

오이무침 1.5인분 ⏱ 10분

4월
18일

1. 오이 1개는 깨끗이 씻어 반으로 가르고 어슷 썰어주세요.

2. 양파 1/4개는 얇게 채 썰어주세요.

3. 오이, 양파, 다진 마늘 1큰술, 고춧가루 1.5큰술, 액젓 1큰술, 설탕 1/2큰술, 식초 1큰술을 넣고 무쳐주세요.

4. 깨 1/2큰술을 뿌리면 완성!

재료

오이 1개, 양파 1/4개, 다진 마늘 1큰술, 고춧가루 1.5큰술, 액젓(참치액, 멸치액젓, 까나리액젓 가능) 1큰술, 설탕 1/2큰술, 식초 1큰술, 깨 1/2큰술

요리 영상

순살고등어김치찜 2인분 ⏱ 30분

만드는 법

1. 양파 1/2개는 두껍게 채 썰고, 대파 1대는 큼직하게 썰어주세요.

2. 냄비에 김치 1/4포기, 물 500ml, 들기름 2큰술을 넣고 뚜껑을 덮은 후 중약불로 10분간 끓여주세요.

3. 양념장을 만들어주세요.

4. 김치 위에 고등어와 양념장 반을 올리고, 그 위에 양파, 대파를 올린 뒤 또 남은 양념장 반을 올린 후 물 200ml를 추가해 주세요.

5. 뚜껑을 연 채로 센불로 국물을 끼얹어가면서 10분 정도 졸여주면 완성!

재료

순살고등어 2팩(1마리), 양파 1/2개, 대파 1대, 김치 1/4포기, 물(또는 쌀뜨물) 3.5컵(700ml), 들기름 2큰술(생략 가능)

* 양념장 재료

다진 마늘 1큰술, 김칫국물 150ml, 고춧가루 3큰술, 진간장 1큰술, 참치액(또는 멸치액젓) 1큰술, 맛술 3큰술

TIP

· 김치의 신맛이 강할 경우 설탕 1/2큰술을 추가해 주세요.
· 뚜껑을 열고 센불로 끓여야 생선의 비린내가 날아가요.

요리 영상

가지소보로덮밥 1인분 ⏱15분

만드는 법

1. 가지 1개는 반으로 가르고 어슷하게 썰어주세요.

2. 달군 프라이팬에 식용유 1큰술을 두르고 가지를 올려 센불로 노릇하게 굽다가 한 쪽으로 밀어두세요.

3. 다른 한쪽에 식용유 1큰술, 다짐육, 다진 마늘 1/2큰술을 넣고 볶아주세요.

4. 고기가 다 익으면 맛술 1큰술, 진간장 3큰술, 설탕 1큰술을 넣고 양념이 잘 섞이도 록 볶아주세요.

5. 밥 위에 가지소보로를 올리고 달걀노른자도 올려주면 완성!

재료

가지 1개, 돼지고기 다짐육 1깁(180g), 식용유 2큰술, 다진 마늘 1/2큰 술, 달걀노른자 1개, 맛술 1큰술, 진간장 3큰술, 설탕 1큰술

요리 영상

된장찌개 1.5인분 ⏱ 20분

만드는 법

1. 애호박 1/3개, 양파 1/2개, 두부 1/3모는 한입 크기로 썰고, 대파 1/5대와 청양고추 1개는 송송 썰어주세요.

2. 냄비에 식용유 1큰술, 된장 1.5큰술, 고추장 1/2큰술을 넣고 약불로 타지 않게 1분 정도 볶다가 물 500ml를 부어주세요.

3. 물이 끓기 시작하면 애호박, 양파, 다진 마늘 1/2큰술, 고춧가루 1큰술, 참치액 1큰술을 넣고 5분 정도 끓여주세요.

4. 두부, 대파, 청양고추를 넣고 한소끔 더 끓이면 완성!

재료

애호박 1/3개, 양파 1/2개, 두부 1/3모, 대파 1/5대, 청양고추 1개(생략 가능), 식용유 1큰술, 된장 1.5큰술, 고추장 1/2큰술, 물(또는 쌀뜨물) 2.5컵(500ml), 다진 마늘 1/2큰술, 고춧가루 1큰술, 참치액 1큰술(국 간장 1큰술 또는 다시다 1/3큰술로 대체 가능)

TIP

· 된장이 짤 경우 참치액은 생략 가능합니다.

· 된장이 텁텁할 때 설탕 1작은술을 넣어주면 텁텁한 맛이 잡혀요.

요리 영상

매콤어묵볶음 2.5인분 ⓒ 10분

만드는 법

1. 어묵 9장은 채 썰고 청양고추 6개는 다져주세요.
2. 양념장을 만들어주세요.
3. 식용유를 두른 프라이팬에 채 썬 어묵, 다진 마늘, 다진 청양고추를 볶다가 마늘 향이 나기 시작하면 양념장을 부어 강불로 빠르게 1~2분간 볶아주세요.
4. 불을 끈 후 참기름 1/2큰술을 넣고 섞어주면 완성!

재료

사각 어묵 9장(300g), 청양고추 6개, 식용유 3큰술, 다진 마늘 1큰술,
참기름 1/2큰술

* 양념장 재료
물 6큰술, 진간장 2큰술, 침치액(또는 진간장) 1큰술, 고춧가루 2큰술,
설탕 1큰술, 물엿 1큰술

TIP

· 매콤함의 정도는 청양고추나 매운 고춧가루로 조절해요.

요리 영상

진미채버터구이 1인분 ⊙15분

9월
7일

진미채는 5분 정도 물에 불려주세요.

만드는 법

1. 마른 프라이팬에 진미채를 넣고 볶아서 겉의 수분만 날려주세요.

2. 버터 2조각, 설탕 1큰술, 마요네즈 1/2큰술, 소금 2꼬집을 넣고 잘 볶아주세요.

3. 노릇하게 구워지면 완성!

재료

진미채 100g, 무염버터 2조각(20g), 설탕 1큰술, 마요네즈 1/2큰술,
소금 2꼬집

TIP

· 가염버터 사용 시 소금은 생략 가능합니다.

요리 영상

마늘빵 1인분 ⏱15분

 만드는 법

1. 버터 2조각은 전자레인지에 40초간 돌려서 녹여주세요.

2. 녹인 버터에 설탕 1큰술, 다진 마늘 1큰술, 소금 1/2작은술, 파슬리 1/3큰술을 넣고
   잘 섞어주세요.

3. 식빵 2장을 3등분하여 길게 잘라주세요.

4. 식빵에 **2**를 바르고 에어프라이어에 180도로 7분간 노릇하게 구워주면 완성!

재료

식빵 2장, 무염버터 2조각(20g), 설탕 1큰술, 다진 마늘 1큰술, 소금
1/2작은술, 파슬리 1/3큰술(생략 가능)

TIP

• 에어프라이어가 없는 경우 프라이팬에 약불로 구워주세요.

요리 영상

두부카레구이 1인분 ⓧ 10분

9월
6일

만드는 법

1. 부침가루와 카레가루를 잘 섞어주세요.

2. 달걀 1개는 잘 풀어주세요.

3. 두부 1/2모는 먹기 좋게 자르고 두부에 **1**을 묻힌 뒤 달걀물을 입혀주세요.

4. 식용유를 두른 프라이팬에 중약불로 노릇하게 구워주면 완성!

재료

두부 1/2모(150g), 부침가루 1큰술, 카레가루 1큰술, 달걀 1개, 식용유
2~3큰술

요리 영상

햄치즈순두부찌개 1.5인분 ⏱ 15분

4월
22일

만드는 법

1. 양파 1/2개와 대파 1/2대는 다지고, 애호박 1/3개와 청양고추 1개는 먹기 좋게 잘라주세요.

2. 스팸의 반은 납작하게 자르고 반은 으깨준 후, 식용유 두른 냄비에 넣고 함께 볶아주세요.

3. 양파, 대파, 다진 마늘 1큰술을 넣고 볶다가 고춧가루 2큰술, 진간장 2큰술을 넣고 약불로 타지 않게 1~2분간 볶아주세요.

4. 물 350ml를 넣고 잘라둔 햄, 참치액 2큰술을 넣은 후 애호박, 청양고추, 순두부를 넣고 끓여주세요.

5. 애호박이 다 익으면 달걀 1개, 체더치즈 1장을 넣고 후추를 살짝 뿌려주면 완성!

재료

순두부 1봉, 스팸 1캔(200g), 양파 1/2개, 대파 1/2대, 애호박 1/3개, 청양고추 1개(생략 가능), 식용유 3큰술, 다진 마늘 1큰술, 고춧가루 2큰술, 진간장 2큰술, 물 350ml, 참치액 2큰술, 달걀 1개, 체더치즈 1장, 후추 약간

요리 영상

햄감자볶음 2.5인분 ⏱ 20분

9월 5일

만드는 법

1. 감자, 스팸, 양파는 비슷한 크기로 채 썰어주세요.

2. 채 썬 감자에 소금 1작은술을 넣고 5분간 절인 뒤 감자에서 전분이 나오면 물로 헹구고 체에 밭쳐 물기를 빼주세요.

3. 식용유를 두른 프라이팬에 스팸은 먼저 볶아서 살짝 빼두고 채 썬 감자를 넣고 볶아주세요.

4. 감자가 노릇해지기 시작하면 양파, 다진 마늘 1/2큰술, 소금 1작은술을 넣고 볶다가 스팸을 넣고 살짝만 볶아주세요.

5. 불을 끄고 후추와 깨를 뿌려 살짝 섞어주면 완성!

재료

감자 큰 것 2개(작은 것 3개), 스팸 1캔(200g), 양파 1/2개, 소금 2작은술, 식용유 3큰술, 다진 마늘 1/2큰술, 후추 약간, 깨 약간

요리 영상

매콤어묵김밥 1인분 ⏱10분

만드는 법

1. 달걀 2개에 소금 1꼬집을 넣고 잘 섞어주세요.
2. 식용유를 두른 프라이팬에 달걀물을 부어 달걀말이처럼 말아주세요. (어려우면 그냥 얇은 지단으로 만들어도 괜찮아요.)
3. 밥에 소금 1꼬집, 참기름 1큰술을 넣고 잘 섞어서 간을 해준 후 김 위에 얇게 펴주세요.
4. 달걀, 매콤어묵볶음을 올리고 단단하게 말아 먹기 좋게 썰어주면 완성!

TIP

· 매콤어묵볶음 레시피는 4월 20일을 참고해 주세요.
· 김밥 마는 도구가 없어도 말 수 있어요.
· 김 끝에 물을 바르면 더 잘 붙어요.
· 김밥 말기가 어렵다면 김을 작게 잘라 꼬마김밥으로 만들어도 좋아요.

재료

매콤어묵볶음 100g, 밥 2/3공기(150g), 김 1장, 달걀 2개, 소금 2꼬집, 식용유 2큰술, 참기름 1큰술

요리 영상

누룽지달걀죽 1인분 10분

9월
4일

만드는 법

1. 냄비에 누룽지 1.5컵, 물 600ml를 넣고 5분간 끓여주세요.
2. 대파 1/5대는 송송 썰고, 달걀 2개는 잘 풀어서 준비해 주세요.
3. 누룽지가 잘 풀어졌으면 달걀을 넣고 잘 저어주세요.
4. 달걀이 다 익었으면 참치액 1큰술로 간을 하고 대파를 넣은 후 살짝만 끓여주세요.
5. 불을 끄고 참기름 1큰술, 깨 1/3큰술을 뿌리면 완성!

TIP

· 누룽지는 마트에서 쉽게 구입할 수 있어요.
· 달걀이 덩어리진 게 좋다면 달걀을 넣고 바로 젓지 말고 30초 정도 가만히 두었다가 저어주세요.

재료

누룽지 1.5컵(60g), 물 3컵(600ml), 대파 1/5대, 달걀 2개, 참치액 1큰술, 참기름 1큰술, 깨 1/3큰술

요리 영상

스팸무스비 1인분 ⏱15분

4월
24일

만드는 법

1. 달걀 2개에 소금 1꼬집을 넣고 잘 풀어 식용유를 두른 프라이팬에 달걀말이를 하듯이 스팸 크기에 맞게 말아준 후, 스팸통 크기에 들어가도록 잘라 준비합니다.

2. 스팸 1/2캔은 2등분으로 잘라 노릇하게 구워주고, 밥에 소금 1꼬집, 참기름 1큰술을 넣고 잘 섞어주세요.

3. 스팸통 안에 랩을 씌우고 밥 2큰술을 깐 다음, 달걀, 스팸, 다시 밥 순으로 올린 후 랩을 당겨 빼주세요.

4. 김 1장을 반으로 자른 뒤 만들어진 주먹밥을 김에 돌돌 말아 먹기 좋게 잘라주세요.

5. 위의 과정을 한 번 더 반복해 주면 완성!

재료

밥 2/3공기(150g), 달걀 2개, 소금 2꼬집, 스팸 1/2캔(100g), 참기름 1큰술, 김 1장

TIP

· 김 끝이 잘 안 붙을 경우에는 물을 살짝 발라주세요.

요리 영상

감자된장국 2인분 ⏱ 15분

만드는 법

1. 감자 2개는 껍질을 제거해 반달 썰고, 대파 1/5대는 송송 썰어주세요.

2. 냄비에 물 800ml, 동전 육수 1개, 된장 2큰술을 넣고 잘 풀어주세요.

3. 감자, 다진 마늘 2/3큰술을 넣고 7분 정도 끓여주세요.

4. 감자가 다 익으면 대파를 넣고 한소끔 끓으면 완성!

재료

감자 2개, 대파 1/5대, 물 4컵(800ml), 동전 육수 1개, 된장 2큰술, 다진 마늘 2/3큰술

TIP

· 된장 양은 염도에 따라 가감해 주세요.

· 간이 부족하다면 참치액, 국간장, 된장을 추가해 주세요.

요리 영상

콩자반 3.5인분 ⏱ 40분

만드는 법

1. 콩은 깨끗이 씻어주세요.

2. 냄비에 콩 1컵, 물 800ml를 넣고 물이 끓기 시작하면 중불로 20분간 끓여주세요.

3. 설탕 2큰술을 넣고 10분간 더 끓여주세요.

4. 진간장 4큰술, 물엿 2큰술을 넣고 센불로 5분 정도 조린 다음 불을 끄고 깨를 넣어 섞어주면 완성!

TIP

· 콩을 불리지 않고 바로 만드는 레시피입니다.

· 간을 먼저 하면 콩이 딱딱해져요. 콩이 원하는 식감만큼 익었을 때 간장을 넣어주세요.

요리 영상

재료

서리태 1컵 가득(150g), 물 4컵(800ml), 설탕 2큰술, 진간장 4큰술, 물엿(또는 조청) 2큰술, 깨 1큰술

두부카레덮밥 1인분 ⏱10분

만드는 법

1. 양파 1/2개를 채 썰어주세요.

2. 웍이나 프라이팬에 두부 1/2모를 으깨어 넣고, 식용유 2큰술과 양파를 넣고 볶아
   주세요.

3. 양파가 어느 정도 익으면 물 400ml, 카레가루 4큰술을 넣고 잘 풀어가며 끓여주
   세요.

4. 접시에 밥, 두부카레를 올리면 완성!

재료

두부 1/2모(150g), 양파 1/2개, 식용유 2큰술, 물 2컵(400ml), 카레가
루 4큰술

TIP

· 카레가루는 고형카레로 대체 가능해요.

요리 영상

부대찌개

2인분 ⏱ 20분

만드는 법

1. 대파 1/2대는 어슷 썰고 양파 1/2개는 채 썰고 양배추는 한입 크기로 썰어주세요.

2. 스팸과 비엔나소시지도 먹기 좋게 썰어주세요.

3. 양념장을 만들어주세요.

4. 냄비에 1, 2와 양념장을 담고, 체더치즈 1장, 베이크드빈 3큰술, 시판 사골곰탕 육수 500g, 물 500ml를 넣고 뚜껑을 덮은 후 끓여주세요.

5. 끓기 시작할 때 양념장을 풀어주면 완성!

재료

스팸 1캔(200g), 비엔나소시지 1/2봉(150g), 시판 사골곰탕 육수 1팩 (500g), 대파 1/2대, 양파 1/2개, 양배추 아주 조금(생략 가능), 체더치즈 1장, 베이크드빈 3큰술(또는 케첩 2큰술), 물 2.5컵(500ml)

* 양념장 재료
고추장 1큰술, 된장 1/3큰술, 고춧가루 2.5큰술, 다진 마늘 2큰술, 진간장 1큰술, 국간장 1큰술, 참치액(다른 액젓으로 대체 가능) 1큰술, 후추 약간

TIP

- 소시지는 제품에 따라 염도가 다르니 양념장은 한 번에 다 넣지 말고 넣어가며 간 보는 걸 추천해요.
- 자른 신김치 3큰술을 추가해도 맛있어요.

요리 영상

얼큰콩나물국 2인분 ⏱10분

〔 만드는 법 〕

1. 콩나물은 깨끗이 씻고 대파 1/3대와 청양고추 1개는 송송 썰어주세요.

2. 냄비에 물 1L, 동전 육수 1개를 넣고 물이 끓기 시작하면 콩나물, 고춧가루 1큰술, 다진 마늘 2/3큰술, 국간장 1/2큰술, 새우젓 1큰술을 넣고 5분간 끓여주세요.

3. 마지막에 대파를 넣고 한소끔 더 끓이면 완성!

〔 재료 〕

콩나물 1봉(200g), 대파 1/3대, 청양고추 1개(생략 가능), 물 5컵(1L), 동전 육수(또는 다시팩) 1개, 다진 마늘 2/3큰술, 고춧가루 1큰술, 국간장 1/2큰술, 새우젓 1큰술(또는 액젓 1.5큰술)

【TIP】

· 더 얼큰하게 먹고 싶다면 청양고추를 추가해 주세요.

요리 영상

비엔나소시지볶음 2.5인분 ⏱ 15분

만드는 법

1. 비엔나소시지는 칼집을 내고, 대파 1/2대는 2cm 크기로 썰고, 양파 1/2개는 한입 크기로 썰어주세요.
2. 식용유를 두른 프라이팬에 소시지를 넣고 중약불로 볶아주세요.
3. 소시지가 노릇해지기 시작하면 양파와 대파를 넣고, 양파가 살짝 투명해질 때까지 볶아줍니다.
4. 잠시 불을 끄고 고추장 1/2큰술, 케첩 5큰술, 진간장 1큰술, 물 2큰술을 넣고 잘 볶아주세요.
5. 소스가 살짝 졸아들면 마지막에 물엿 2큰술을 넣고 윤기가 나도록 살짝 볶아주면 완성!

재료

비엔나소시지 1봉(300g), 대파 1/2대, 양파 1/2개, 식용유 2큰술, 고추장 1/2큰술, 케첩 5큰술, 진간장 1큰술, 물 2큰술, 물엿(또는 올리고당) 2큰술

TIP

• 당근, 파프리카 등 집에 있는 채소를 추가로 넣어도 좋아요.

요리 영상

9월

9월의 제철 재료

꽃게

봄에는 암꽃게, 가을엔 수꽃게가 제철입니다. 9월에는 수꽃게를 골라야 하는데요. 암, 수를 구별하려면 배딱지를 보면 돼요. 암꽃게의 배딱지는 둥그렇고 수꽃게는 뾰족하고 길쭉합니다. 배 부분이 단단하고 손으로 들었을 때 묵직하면서 껍질이 단단한 것을 골라야 해요. 제철인 꽃게는 그냥 쪄 먹어도 맛있지만, 숯불에 구워 먹거나 탕, 무침으로도 활용 가능해요.

고등어

대표적인 등푸른생선 중 하나로 한국인의 밥상에 자주 올라오는 국민 생선입니다. 단백질과 지질이 매우 풍부해 '바다의 보리'라고도 불려요. 눈이 맑고 투명하고 껍질이 선명하면서 푸른빛으로 빛나고 살이 단단하고 탄력 있는 것을 골라야 해요. 고등어는 구이, 조림으로 많이 먹고 활고등어는 회로 먹기도 해요.

NO밀가루 오코노미야키 1인분 ⏱ 15분

4월
28일

1. 양배추를 채 썰고 달걀 2개, 소금 2꼬집을 넣고 잘 섞어주세요.
2. 프라이팬에 식용유를 두르고 1을 부어 동그랗게 모양을 잡아주세요.
3. 한쪽 면이 익으면 뒤집어서 양면을 노릇노릇하게 부쳐주세요.
4. 오코노미야키소스와 마요네즈를 취향껏 뿌리고 가쓰오부시를 올리면 완성!

재료

양배추 아주 조금(200g), 달걀 2개, 소금 2꼬집, 식용유 3큰술, 오코노미야키소스(또는 돈가스소스) 취향껏, 마요네즈 취향껏, 가쓰오부시 1줌(생략 가능)

TIP

- 치즈, 베이컨, 대패삼겹살, 새우 등 좋아하는 재료를 추가해도 좋아요.
- 다이어트용 소스를 활용하거나 마요네즈를 저칼로리 제품으로 대체하면 다이어트 식단으로도 먹을 수 있어요.

요리 영상

그릭요거트티라미수 1인분 ⏱ 10분

만드는 법

1. 그릇에 테두리를 제거한 식빵 1장을 깔고 에스프레소커피를 뿌려 촉촉하게 적셔 주세요.

2. 그릭요거트에 올리고당 2큰술을 넣고 잘 섞어주세요.

3. 빵 위에 2를 올려서 잘 펼쳐주세요.

4. 코코아파우더 2큰술을 체에 거른 후 뿌려주면 완성!

TIP

· 그릭요거트 대신 플레인요거트를 사용해도 좋아요.

· 요거트는 제품마다 당도가 다르니, 단맛은 입맛에 맞게 조절해 주세요.

· 에스프레소커피는 인스턴트 블랙커피에 물을 타서 사용해도 괜찮아요.

요리 영상

재료

그릭요거트 1통(450g), 식빵 1장, 에스프레소커피 4큰술, 올리고당(또는 알룰로스) 2큰술, 코코아파우더 2큰술

닭갈비 2인분 ⏱ 20분

4월
29일

미리 준비해 주세요

닭고기를 먹기 좋게 자른 후 양념장에 버무려 30분 이상 재워둡니다. (하루 정도 재워도 좋아요.)

만드는 법

1. 양배추, 양파, 대파를 큼직하게 썰어서 준비합니다.

2. 프라이팬이나 웍에 식용유 3큰술을 두르고 1을 깔아준 후 그 위에 재워둔 닭고기를 올려주세요.

3. 15분 정도 닭고기를 충분히 익혀주면 완성!

재료

닭다리살 500~600g, 양배추 작은 것 1/2개(300g), 큰 양파 1/2개, 대파 1/2대, 식용유 3큰술

*** 양념장 재료**

고춧가루 4큰술, 설탕 1.5큰술, 진간장 5큰술, 맛술 3큰술, 조청 쌀엿(또는 물엿) 1큰술, 다진 마늘 1큰술, 고추장 크게 3큰술, 카레가루 1/2큰술, 후추 약간

요리 영상

양배추참치비빔밥 1인분 ⏱ 15분

8월
30일

만드는 법

1. 양배추는 채 썰고, 참치캔은 기름을 빼주세요.

2. 그릇에 채 썬 양배추, 고추장 1/3큰술, 진간장 1큰술, 고춧가루 1큰술, 식초 1큰술, 설탕 1/2큰술, 참기름 1/2큰술을 넣고 잘 무쳐주세요.

3. 달걀프라이를 하나 만들어주세요.

4. 밥 위에 양배추무침, 기름 뺀 참치, 달걀프라이를 올리면 완성!

재료

밥 1공기, 참치캔 1개(100g), 양배추 작은 것 1/4개(150g), 고추장 1/3큰술, 진간장 1큰술, 고춧가루 1큰술, 식초 1큰술, 설탕 1/2큰술, 참기름 1/2큰술, 달걀 1개

요리 영상

참치마요유부초밥 1인분 ⏱15분

4월
30일

1. 양파 1/4개는 잘게 다지고, 쪽파는 송송 썰어주세요.

2. 기름 뺀 참치캔에 양파, 쪽파, 마요네즈 3큰술, 소금 1꼬집, 후추를 넣고 버무려주세요.

3. 밥 1공기에 동봉된 유부초밥 소스를 넣고 잘 섞어준 뒤 유부에 밥을 채워주세요.

4. 2를 유부초밥 위에 올리면 완성!

재료

시판 유부초밥, 밥 1공기(200g), 양파 1/4개, 쪽파 약간(생략 가능), 참치캔 1개, 마요네즈 3큰술, 소금 1꼬집, 후추 약간

요리 영상

카레순두부찌개 1.5인분 ⏱ 20분

만드는 법

1. 양파 1/2개와 대파 1/2대는 다지고, 순두부와 애호박 1/3개는 먹기 좋게 잘라주세요.

2. 냄비에 식용유 2큰술을 두르고 돼지고기를 넣고 볶다가, 양파, 대파, 다진 마늘 1/2큰술을 넣고 고기가 익을 때까지 볶아주세요.

3. 고춧가루 2큰술을 넣고 약불로 타지 않게 30초 정도 볶아준 뒤 고추기름이 생기면 진간장 2큰술을 넣고 볶아주세요.

4. 물 350ml에 카레가루 5큰술을 넣고, 모자란 간은 국간장 1큰술로 맞춰주세요.

5. 애호박, 순두부를 넣고 끓여주다가 달걀과 후추를 넣어주면 완성!

재료

순두부 1봉, 카레용 돼지고기 100g, 양파 1/2개, 대파 1/2대, 애호박 1/3개, 식용유 2큰술, 다진 마늘 1/2큰술, 고춧가루 2큰술, 진간장 2큰술, 물 350ml, 카레가루 5큰술, 국간장(또는 참치액) 1큰술, 달걀 1개, 후추 약간

TIP

· 돼지고기는 스팸 또는 다짐육으로 대체 가능해요.
· 카레가루는 고형카레로 대체 가능해요.

요리 영상

5월

5월의 제철 재료

고사리
'산에서 나는 소고기'라고 불리는 고사리는 혈관건강, 골다공증, 피부미용 등에 다양한 효능을 가지고 있어요. 너무 길지 않아 길이가 적당하며 굵기가 통통하고 끝부분이 주먹처럼 감겨있는 것을 골라야 해요. 고사리는 나물무침, 육개장 등에 넣지만 생선조림에 넣어도 맛있습니다.

마늘종
마늘의 꽃줄기로 알싸한 풍미기 있고 아삭아삭한 식감이 있는 마늘종은 항산화와 항암 효과가 있다고 알려진 알리신이 풍부한 식재료입니다. 1년 중 5월에만 국내산 마늘종을 먹을 수 있어요. 굵기가 일정하고 진한 녹색에 탄력이 있는 것을 골라야 해요. 끝부분이 마르거나 줄기가 누렇고 딱딱한 것은 피해 주세요. 장아찌, 볶음, 무침에 활용할 수 있어요.

복숭아샐러드 1인분 ⊙ 10분

만드는 법

1. 복숭아 1개는 먹기 좋게 잘라주세요.
2. 접시에 복숭아, 부라타치즈를 예쁘게 담아주세요.
3. 올리브유 2큰술, 소금과 후추를 살짝 뿌리면 완성!

재료

복숭아 1개, 부라타치즈(또는 리코타치즈) 1개, 올리브유 2큰술, 소금
약간, 후추 약간, 애플민트(장식용)

TIP

· 취향에 따라 소금+후추 조합 대신 꿀+레몬즙+올리브유 조합도
좋아요.

요리 영상

닭개장 2인분 ⏱30분

5월
1일

1. 냄비에 물 1.3L, 통후추 10알, 소금 1/3큰술, 닭다리살을 넣고 끓기 시작하면 센불로 10분 동안 익힌 후 닭고기만 건져내 손으로 찢거나 칼로 잘라주세요. (이때 육수는 버리지 말고 남겨주세요.)

2. 대파 2대는 반으로 갈라서 4~5cm 길이로 자르고, 양파 1/2개는 굵게 채 썰고, 데친 고사리는 먹기 좋게 자르고, 느타리버섯은 찢어주세요.

3. 냄비에 식용유를 두르고 대파를 볶다가 고춧가루 4큰술을 넣고 타지 않게 약불로 30초 정도 볶아주세요.

4. 닭고기 삶았던 육수를 전부 넣고 물 500ml를 추가한 뒤 다진 마늘 1.5큰술, 국간장 2큰술, 멸치액젓 1큰술, 참치액 2큰술을 넣어주세요.

5. 끓기 시작하면 뚜껑을 덮고 중약불로 15분간 끓여준 후 마지막에 후추로 마무리해주면 완성!

재료

닭다리살(또는 닭가슴살) 350g, 물 9컵(1.8L), 통후추 10알(생략 가능), 소금 1/3큰술, 대파 2대, 양파 1/2개, 데친 고사리 150g, 느타리버섯 100g, 식용유 3큰술, 고춧가루 4큰술, 다진 마늘 1.5큰술, 국간장 2큰술, 멸치액젓 1큰술, 참치액 2큰술(또는 다시다 1큰술), 후추 약간

TIP

• 장 볼 때 데친 고사리를 사면 따로 데칠 필요 없어 간편해요.

요리 영상

깻잎찜 2.5인분 ⏱ 15분

8월
27일

만드는 법

1. 깻잎은 깨끗이 씻어 물기를 털어주세요.

2. 대파는 다지고 양파는 얇게 채 썰어주세요.

3. 양념장을 만들고, 대파와 채 썬 양파를 넣고 잘 섞어주세요.

4. 내열 용기에 깻잎을 올리고 만들어진 양념장을 1/2큰술씩 떠서 깻잎 2장에 한 번
   씩 발라주세요.

5. 랩을 씌우고 전자레인지에 2분간 돌리면 완성!

재료

깻잎 30장(60g), 양파 1/4개, 대파 아주 약간

* 양념장 재료

진간장 1.5큰술, 국간장 1큰술, 액젓 1큰술, 물 4큰술, 고춧가루 1큰술,
올리고당 1/2큰술, 다진 마늘 1/3큰술, 깨 1/2큰술

TIP

· 액젓은 종류와 상관없이 사용 가능해요.

요리 영상

고사리나물볶음 2인분 ⓒ10분

만드는 법

1. 데친 고사리는 먹기 좋게 잘라주세요.

2. 프라이팬에 데친 고사리, 국간장 2/3큰술, 참치액 1큰술을 넣고 조물조물 버무려 주세요.

3. 프라이팬에 불을 올린 후 다진 마늘 2/3큰술, 식용유 1큰술을 넣고 함께 볶아주세요.

4. 마늘 향이 나기 시작하면 물을 넣고 수분을 날려가며 5분 정도 볶아주세요.

5. 마지막에 불을 끄고 참기름 1큰술, 깨 1/2큰술을 넣고 살짝 버무리면 완성!

재료

데친 고사리 150g, 국간장 2/3큰술, 참치액 1큰술, 다진 마늘 2/3큰술, 식용유 1큰술, 물 5큰술, 참기름(또는 들기름) 1큰술, 깨 1/2큰술

TIP

· 장 볼 때 데친 고사리를 사면 따로 데칠 필요 없어 간편해요.

요리 영상

냉메밀소바 1인분 ⏱ 20분

만드는 법

1. 쯔유에 냉수 400ml와 설탕 1/2큰술을 섞고 냉동실에 차갑게 보관해 주세요.

2. 무는 강판에 갈아준 후 물기를 짜고, 쪽파 2줄은 송송 썰어주세요.

3. 메밀면은 4분 삶은 뒤 찬물에 여러 번 헹궈 전분기를 제거한 후 물기를 빼 그릇에 담아주세요.

4. 만들어둔 차가운 육수를 면 위에 붓고, 무즙, 고추냉이, 쪽파를 올리면 완성!

TIP

- 육수에 우동면을 넣으면 냉우동, 소면을 넣으면 냉소면이에요.
- 쯔유는 제품마다 2~4배까지 농축의 정도가 달라 물의 양이 다르니, 제품 설명을 참고해 주세요.
- 얼음을 넣어 먹을 경우 물 양을 살짝 줄여주세요.

요리 영상

재료

메밀면 100g(동전 500원 크기), 4배 농축 쯔유 1/2컵(100ml), 냉수 2컵 (400ml), 설탕 1/2큰술, 고추냉이 약간, 무 50g(생략 가능), 쪽파 2줄 (또는 대파 약간)

어묵국 2인분 ⓒ 10분

5월
3일

만드는 법

1. 어묵은 8등분으로 자르고 대파 1/4대는 송송 썰어주세요.

2. 냄비에 물 800ml, 참치액 2큰술, 국간장 1/3큰술, 동전 육수 1개를 넣고 끓여주세요.

3. 끓기 시작하면 어묵, 다진 마늘 1큰술을 넣고 3분 정도 끓여주세요.

4. 마지막에 대파를 넣고 한소끔 끓인 후 후추를 뿌려주면 완성!

재료

사각 어묵 3장, 대파 1/4대, 물 4컵(800ml), 참치액 2큰술, 국간장 1/3큰술, 동전 육수 1개, 다진 마늘 1큰술, 후추 약간

TIP

· 칼칼하게 먹고 싶다면 청양고추를 추가해 주세요.

양배추참치마요샐러드 1인분 ⏱ 10분

8월
25일

만드는 법

1. 양배추는 살짝 두껍게 채 썰어서 전자레인지 용기에 담고 랩을 씌우거나 뚜껑을 덮어서 2분간 익힌 뒤 식혀주세요.

2. 기름 뺀 참치, 마요네즈 1.5큰술, 쯔유 1큰술을 넣고 잘 섞어주세요.

3. 양배추에 참치마요를 섞어주면 완성!

TIP

- 양배추를 살짝 익혀서 만들면 생양배추 특유의 맛은 없고 적당히 아삭하고 맛있어요.
- 생양배추로 만들어도 좋아요.
- 양배추참치마요샐러드는 가벼운 술안주나 반찬으로 먹어도 좋아요.

재료

양배추 작은 것 1/4개(150g), 참치캔 1개(100g), 마요네즈 1.5큰술, 쯔유(또는 참치액) 1큰술

요리 영상

달걀볶음밥 1인분 ⏱10분

5월
4일

만드는 법

1. 대파 1/2대는 송송 썰어 식용유를 두른 프라이팬에 볶아주세요.
2. 대파 향이 나기 시작하면 한쪽으로 밀어두고 한쪽에 달걀 2개를 깨주세요.
3. 스크램블 하듯 달걀을 섞어가며 익히고, 다 익으면 대파와 섞어주세요.
4. 밥 1공기를 넣고 잘 볶아지면 한쪽으로 밀고, 진간장 1큰술을 넣어 잘 섞어주세요.
5. 마지막으로 부족한 간은 소금으로 맞추면 완성!

재료

밥 1공기, 달걀 2개, 식용유 2큰술, 대파 1/2대, 진간장 1큰술, 소금 2꼬집

요리 영상

오이지냉국 1.5인분 ⏱ 25분

만드는 법

1. 오이지 1개는 물에 한 번 씻어준 뒤 2mm 두께로 썰고, 청양고추 1/2개는 송송 썰어주세요.

2. 그릇에 오이지, 물 400ml, 다진 마늘 1/2큰술, 청양고추를 넣고, 오이지에서 짠맛이 우러나오도록 20분 이상 냉장 보관해 주세요.

3. 먹기 전에 얼음과 깨를 넣으면 완성!

TIP

- 전통 오이지를 구매해서 만들어요. 전통 오이지는 소금으로만 만든 오이지로, 마트에서 흔히 구매 가능해요. 식초, 설탕을 넣고 만드는 오이지는 피클에 가까운 맛으로, 전통 오이지와는 조금 달라요.

- 오이지에서 짠맛이 우러나오기 때문에 간을 추가로 하지 않아도 괜찮아요.

- 입맛에 따라 식초 1큰술 정도 추가해도 좋아요.

요리 영상

재료

오이지 1개, 청양고추 1/2개(홍고추 1개로 대체 또는 생략 가능), 물 2컵(400ml), 다진 마늘 1/2큰술, 얼음 약간, 깨 약간

마파두부

2인분 ⏱ 15분

5월
5일

만드는 법

1. 두부 1모는 깍둑 썰고 대파 1/2대는 잘게 다져주세요.
2. 프라이팬에 고추기름 5큰술을 두르고 돼지고기 다짐육을 볶아주세요.
3. 고기가 거의 다 익으면 다진 마늘, 다진 대파, 두반장 1큰술, 진간장 1큰술, 굴소스 1/3큰술, 설탕 1/3큰술을 넣고 1~2분 정도 볶아주세요.
4. 전분물을 만들어주세요.
5. 두부와 물 100ml를 넣고 2분 정도 끓이다가 전분물을 넣고 농도를 맞춘 후, 접시에 담아 쪽파를 올려주면 완성!

재료

돼지고기 다짐육 150g, 두부 1모, 대파 1/2대, 고추기름 5큰술, 다진 마늘 1큰술, 두반장 1큰술, 진간장 1큰술, 굴소스 1/3큰술, 설탕 1/3큰술, 물 1/2컵(100ml), 전분물(감자전분 1/2큰술+물 2큰술), 쪽파 1큰술 (생략 가능)

TIP

· 고추기름 간단 레시피
전자레인지 용기에 식용유 (종이컵으로) 1/2컵과 고춧가루 3큰술을 섞고, 대파 흰 부분 1/3대를 잘라 넣은 뒤 전자레인지에 3분 돌려주세요. 완성된 고추기름은 식으면 체에 걸러 냉장 보관하며 사용할 수 있어요.

요리 영상

양배추우삼겹덮밥 1인분 ⏱15분

만드는 법

1. 양배추는 채 썰고 청양고추는 송송 썰어주세요.

2. 웍이나 프라이팬에 우삼겹, 맛술 2큰술을 넣고 볶다가 우삼겹이 거의 다 익으면 양배추, 다진 마늘 2/3큰술, 청양고추를 넣고 볶아주세요.

3. 양배추가 살짝 숨이 죽으면 굴소스 1/2큰술, 진간장 1큰술을 넣고 센불로 1분간 볶고 후추를 뿌려주세요.

4. 밥 위에 양배추우삼겹볶음과 달걀노른자를 올리면 완성!

재료

밥 1공기, 우삼겹 150g, 양배추 작은 것 1/4개(150~200g), 청양고추 1개, 맛술 2큰술, 다진 마늘 2/3큰술, 굴소스 1/2큰술, 진간장 1큰술, 후추 약간, 달걀 1개(생략 가능)

TIP

· 달걀노른자 대신 달걀프라이를 올려도 좋아요.

요리 영상

어묵전 1인분 ⏱ 10분

만드는 법

1. 달걀 1개에 소금을 아주 조금 넣고 잘 풀어주세요.
2. 사각 어묵은 8등분으로 잘라주세요.
3. 달걀에 어묵, 대파를 넣고 잘 섞어주세요.
4. 프라이팬에 식용유를 두르고 어묵을 하나씩 올려 노릇하게 부쳐내면 완성!

재료

사각 어묵 3장, 달걀 1개, 소금 아주 조금, 다진 대파(또는 쪽파) 1큰술, 식용유 3큰술

요리 영상

아욱된장국 2인분 ⏱ 30분

8월
22일

미리 준비해 주세요

* 아욱 손질하기
억센 줄기 부분은 꺾어서 제거하고, 껍질을 결대로 벗겨 손질한 뒤 먹기 좋게 뜯어주세요.

만드는 법

1. 보리새우는 마른 프라이팬에 약불로 1분간 덖거나 전자레인지에 30초간 돌려 비린내를 날려주세요.

2. 아욱을 씻은 후 먹기 좋게 뜯고 바락바락 주무른 뒤 여러 번 헹궈 물기를 짜서 풋내를 제거해주세요.

3. 냄비에 물 800ml, 된장 1.5큰술, 고추장 1/3큰술을 풀고, 손질한 아욱과 보리새우를 넣고 15분 정도 끓여주세요.

4. 대파와 청양고추는 송송 썰어 넣고, 다진 마늘, 고춧가루를 넣고 부족한 간은 국간장 1/2큰술을 넣고 맞춘 뒤 5분 더 끓이면 완성!

재료

아욱 150g, 보리새우 1줌(5g), 대파 1/5대, 물 4컵(800ml), 된장 1.5큰술, 고추장 1/3큰술, 다진 마늘 1/2큰술, 청양고추 1개(생략 가능), 고춧가루 1/3큰술, 국간장(또는 액젓) 1/2큰술

TIP

· 보리새우는 건새우 또는 동전 육수 1개로 대체 가능해요.

요리 영상

햄치즈카나페 1인분 ⏱ 5분

만드는 법

1. 방울토마토는 깨끗이 씻어 반으로 잘라주세요.

2. 슬라이스 햄과 체더치즈는 가위나 칼로 4등분하여 잘라주세요.

3. 크래커 위에 햄, 치즈, 방울토마토 순서대로 올리면 완성!

TIP

- 크림치즈를 추가로 바르거나, 방울토마토 대신 오이를 올려도 맛있어요.

요리 영상

재료

크래커 8개, 방울토마토 4개, 슬라이스 햄 2장, 체더치즈 2장

복숭아빙수

1인분 ⏱ 2시간 이상

만드는 법

1. 그릇에 우유 250ml, 물 50ml, 연유 3큰술을 넣고 섞어주세요.
2. 지퍼백에 1을 담고 접시 위에 펼쳐 올린 뒤 냉동실에 2시간 동안 얼려주세요.
3. 복숭아 1개는 먹기 좋게 잘라주세요.
4. 2시간 동안 얼린 우유를 칼등으로 잘게 부숴주세요.
5. 그릇에 우유 얼음을 담고 복숭아를 올린 뒤 취향껏 연유를 더 뿌려주고 장식으로 허브잎을 올리면 완성!

재료

복숭아 1개, 우유 250ml, 물 1/4컵(50ml), 연유 3큰술, 허브잎(생략 가능)

TIP

· 우유만 얼리는 것보다 물을 섞어서 얼려야 얼음이 금방 녹지 않아요.
· 연유는 입맛에 맞게 넣어주세요.

요리 영상

된장술밥 1인분 ⏱ 15분

만드는 법

1. 두부 1/4모와 양파 1/4개는 깍둑 썰고, 애호박 1/3개는 한입 크기로 썰고, 대파 1/4대와 청양고추 1개는 송송 썰어주세요.

2. 냄비에 식용유를 두르지 않고 우삼겹을 볶다가 기름이 나오기 시작하면 된장 1.5큰술, 고추장 1/2큰술을 넣고 1분간 볶아주세요.

3. 물 350ml를 넣고 다진 마늘 1/2큰술, 양파, 애호박, 고춧가루 1/2큰술, 참치액 1/2큰술을 넣고 3분간 끓여주세요.

4. 마지막에 두부, 대파, 청양고추를 넣고 한소끔 끓으면 밥을 넣고 저어주면서 살짝 더 끓여주면 완성!

재료

우삼겹 100g, 두부 1/4모, 양파 1/4개, 애호박 1/3개, 대파 1/4대, 청양고추 1개, 밥 2/3공기, 된장 1.5큰술, 고추장 1/2큰술, 물 350ml, 다진 마늘 1/2큰술, 고춧가루 1/2큰술, 참치액 1/2큰술(또는 다시다 1/3큰술)

TIP

- 고기는 돼지고기 앞다리살, 목살, 삼겹살, 소고기도 좋아요. 좋아하는 고기를 넣어주세요.

요리 영상

명란크림파스타 1인분 ⏱ 20분

만드는 법

1. 명란은 알만 발라내고, 통마늘은 편 썰고, 양파는 채 썰어주세요.

2. 프라이팬에 올리브유를 두르고 통마늘과 페페론치노를 볶다가 마늘이 살짝 노릇해지면 양파를 넣고 1분 정도 살짝 볶아주세요.

3. 잠시 불을 끄고 파스타면, 물 400ml, 우유 300ml, 참치액 1큰술, 버터 2조각을 넣고 불을 켜고 끓기 시작하면 중강불로 줄여서 면을 익혀주세요.

4. 면이 원하는 식감보다 살짝 덜 익었을 때, 명란 2/3쪽만 넣고 1분간 더 볶아주세요.

5. 접시에 담고 남은 명란 1/3쪽을 올리면 완성!

TIP

- 파스타면을 따로 삶지 않고 원 팬으로 한 번에 만드는 레시피입니다. 면이 익는 시간은 제품마다 다르니 제품 설명을 참고해주세요.

- 명란의 크기와 염도에 따라 명란 양은 가감해 주세요.

- 가염버터 사용 시 간을 조절해 주세요.

- 마지막에 너무 꾸덕꾸덕하면 우유를 추가하고, 더 졸이고 싶다면 센불로 졸여주세요.

재료

파스타면 80~100g(동전 100원 크기), 저염 명란젓 1쪽, 통마늘 5~6개, 양파 1/4개, 페페론치노 3개(청양고추 1개로 대체 또는 생략 가능), 올리브유 2큰술, 물 2컵(400ml), 우유 1.5컵(300ml), 참치액 1큰술, 무염버터 2조각(20g)

요리 영상

목살갈비

1.5인분 ⏱ 15분(30분 이상 숙성 필요)

5월
9일

만드는 법

1. 목살은 앞뒤로 칼집을 내주세요.

2. 양념장을 만들어주세요.

3. 고기에 양념을 잘 버무린 뒤 30분 이상 재우고 프라이팬에 중약불(또는 약불)로 자주 뒤집어가며 타지 않게 구워주면 완성!

재료

목살 300~400g

* 양념장 재료

다진 마늘 1/2큰술, 진간장 3큰술, 맛술 2큰술, 물엿 1큰술, 설탕 1큰술, 후추 약간, 연겨자 1작은술(생략 가능), 물 3큰술, 참기름 1/3큰술

요리 영상

김전 1인분 ⏱ 10분

만드는 법

1. 그릇에 달걀 1개를 풀어주세요.

2. 김을 달걀물에 1장씩 묻혀 식용유를 두른 프라이팬에 올려주세요.

3. 중약불로 앞뒤 노릇하게 부치면 완성!

TIP

· 김이 얇다면 2장씩 겹쳐서 부쳐주세요.

· 조미김 외 생김, 곱창김, 김밥김 등으로도 만들 수 있어요. 그
  럴 경우 달걀에 소금 간을 해주세요.

재료

달걀 1개, 조미김 10장, 식용유 2큰술

요리 영상

칠리새우덮밥 1인분 ⏱ 15분

만드는 법

1. 냉동 새우는 찬물에 해동 후 키친타월로 닦아 물기를 제거해 주세요.

2. 양파 1/4개는 잘게 다져서 준비해 주세요.

3. 양념장을 만들어주세요.

4. 프라이팬에 식용유를 두르고 다진 마늘 1큰술과 해동한 새우를 넣고 볶다가 새우가 붉게 익기 시작하면 다진 양파를 넣고 살짝 볶아주세요.

5. 불을 끄고 만들어둔 양념장을 넣은 후 다시 불을 켜고 1~2분간 소스를 졸여가며 볶아주면 완성!

재료

냉동 새우 큰 것 10마리(약 250g), 양파 1/4개, 밥 1공기, 식용유 3큰술, 다진 마늘 1큰술

＊양념장 재료

맛술 1큰술, 식초 2큰술, 진간장 2큰술, 설탕 1큰술, 케첩 크게 2큰술, 고춧가루 1.5큰술, 물 3큰술

TIP

• 당근, 홍고추, 피망 등 자투리 채소가 있다면 추가해도 좋아요.

요리 영상

오이지무침  3인분 ⏱ 20분

만드는 법

1. 오이지는 씻어낸 후 양 끝을 잘라내고 먹기 좋게 썰어주세요.

2. 자른 오이지는 물에 두세 번 헹궈낸 후 찬물에 10분 정도 담가 짠맛을 빼주세요.

3. 적당히 짠맛이 빠진 오이지를 면포나 손으로 짜 물기를 뺀 후, 다진 마늘 1/2큰술, 고춧가루 1큰술, 참기름 1큰술을 넣고 조물조물 무쳐요.

4. 마지막에 깨 1/3큰술을 뿌리면 완성!

재료

오이지 3개, 다진 마늘 1/2큰술, 고춧가루 1큰술, 참기름 1큰술, 깨 1/3큰술

TIP

• 오이지를 찬물에 담가 짠맛을 빼는 시간은 오이지의 염도에 따라 달라요. 먹었을 때 아주 살짝 짭짤한 정도로 빼주세요.

요리 영상

무말랭이 3.5인분 ⏱ 20분

만드는 법

1. 무말랭이는 물에 2~3번 주물러 씻어주세요.

2. 체에 밭쳐 물기를 빼고 맛술 3큰술을 넣어 버무린 후 그대로 10분간 불려주세요.

3. 다진 마늘 1.5큰술, 진간장 2큰술, 국간장 2큰술, 멸치액젓 2큰술, 조청 4큰술, 고춧가루 4큰술을 넣고 주물러가며 버무려주세요.

4. 깨 1/2큰술을 뿌리면 완성!

재료

무말랭이 200g, 맛술 3큰술, 다진 마늘 1.5큰술, 진간장 2큰술, 국간장 2큰술, 멸치액젓 2큰술, 조청(또는 물엿) 4큰술, 고춧가루 4큰술, 깨 1/2큰술

TIP

· 바로 먹어도 맛있지만, 하루 동안 숙성하면 더 맛있어요.

요리 영상

스팸두부조림 2인분 ① 20분

만드는 법

1. 두부 1모와 스팸 1캔은 비슷한 크기로 자르고, 양파 1개는 채 썰고, 대파 1대는 송송 썰어주세요.
2. 프라이팬에 채 썬 양파를 깔고 두부와 스팸을 번갈아가며 올려주세요.
3. 양념장을 만들어주세요.
4. 양념장에 물 350ml를 넣고 국물을 끼얹어가며 10분 정도 조려주세요.
5. 대파를 올리고 들기름 1큰술을 살짝 뿌리면 완성!

재료

두부 1모(300g), 스팸 1캔(200g), 양파 1개, 대파 1대, 물 350ml, 들기름(참기름으로 대체 또는 생략 가능) 1큰술

* 양념장 재료

다진 마늘 1큰술, 진간장 3큰술, 참치액 1큰술(또는 다시다 1/2큰술), 고춧가루 3큰술

TIP

· 들기름은 깔끔한 맛이 좋다면 생략하고, 고소한 맛이 좋다면 추가해 주세요.
· 스팸두부조림은 국물이 살짝 자작해요. 바짝 졸이고 싶다면 간장 양을 줄여주세요.
· 물에 양념장을 미리 섞어서 붓고 끓여도 됩니다.
· 매콤하게 먹고 싶다면 청양고추를 추가해 주세요.

요리 영상

파채무침 <small>1.5인분 ⏱ 5분</small>

5월
12일

만드는 법

1. 진간장 3큰술, 식초 3큰술, 고춧가루 3큰술, 설탕 1.5큰술을 넣고 잘 섞어주세요.

2. 파채에 1을 넣고 버무리면 완성!

재료

파채 200g, 진간장 3큰술, 식초 3큰술, 고춧가루 3큰술, 설탕 1.5큰술

TIP

· 좋아하는 고기를 구워 함께 드세요.

요리 영상

명란찜

2인분 ⏱ 10분

만드는 법

1. 대파와 청양고추는 다져주세요.

2. 저염 명란은 가위로 잘게 자른 뒤, 다진 마늘 2/3큰술, 다진 대파, 다진 청양고추, 고춧가루 1/2큰술, 참기름 2큰술, 물 2큰술을 넣고 잘 섞어주세요.

3. 랩을 씌우고 구멍을 뚫어서 전자레인지에 3분간 익혀주세요.

4. 다 익은 명란찜에 참기름 1큰술, 깨를 넣고 섞어주면 완성!

재료

저염 명란 2~3쪽(100g), 다진 마늘 2/3큰술, 대파 아주 약간, 청양고추 1개, 고춧가루 1/2큰술, 참기름(또는 들기름) 3큰술, 물 2큰술, 깨 약간

TIP

- 명란찜은 반찬으로 두고 먹을 수 있어요.
- 밥에 명란찜을 넣고 비벼서 김에 싸 먹거나 달걀프라이를 올려 먹어도 맛있어요.

요리 영상

베이컨치즈말이주먹밥 1인분 ⏱ 15분

만드는 법

1. 베이컨은 2등분, 체더치즈는 3등분해 주세요.

2. 밥에 소금 1꼬집, 깨 1/2큰술, 참기름 1큰술을 넣고 잘 섞어준 후 동그랗게 뭉쳐주세요.

3. 베이컨 위에 체더치즈, 뭉쳐놓은 밥을 순서대로 올리고 돌돌 말아주세요.

4. 프라이팬에 식용유를 살짝 두르고 돌돌 말린 끝부분이 아래로 가도록 먼저 익히고, 붙으면 돌돌 굴려가며 약불로 노릇하게 구워주면 완성!

재료

밥 1공기, 베이컨 3줄, 체더치즈 2장, 소금 1꼬집, 깨 1/2큰술, 참기름 1큰술

요리 영상

우삼겹대파육개장 2인분 ⏱ 20분

8월
15일

만드는 법

1. 대파 3대는 반으로 갈라 6~7cm 크기로 썰고, 양파 1/2개는 두껍게 채 썰어요.

2. 냄비에 우삼겹을 넣고 볶다가 어느 정도 익으면 대파를 넣고 대파 숨이 살짝 죽을 때까지 볶아요.

3. 고춧가루 3큰술을 넣고 약불로 타지 않게 1분간 볶아요.

4. 사골곰탕 육수 500g, 물 300ml, 국간장 2큰술, 다진 마늘 1큰술, 양파를 넣고 뚜껑을 덮은 후 중약불로 10분 이상 끓여요.

5. 후추를 뿌리면 완성!

재료

우삼겹(또는 차돌박이) 300g, 대파 3대, 양파 1/2개, 고춧가루 3큰술, 시판 사골곰탕 육수 1팩(500g), 물 1.5컵(300ml), 국간장 2큰술, 다진 마늘 1큰술, 후추 약간

TIP

· 국간장+소금, 국간장+액젓, 국간장+다시다, 액젓+다시다 등 섞어서 간을 해주면 맛이 더 풍부해요.

· 무염 사골곰탕 사용 시에는 간을 더 해주세요.

요리 영상

애호박새우전 1인분 ⏱ 15분

만드는 법

1. 냉동 새우 3마리는 찬물에 해동 후 잘게 썰어주세요.

2. 애호박 2/3개는 얇게 채 썰고 소금 3꼬집을 뿌린 후 잘 버무려 5분간 절여주세요.

3. 애호박에서 물기가 생기면 새우와 전분가루 3큰술을 넣고 날가루가 보이지 않게 잘 섞어줍니다.

4. 식용유를 넉넉히 두른 프라이팬에 노릇하게 부치면 완성!

재료

애호박 2/3개, 냉동 새우 3마리, 전분가루(밀가루 또는 부침가루로 대체 가능) 3큰술, 소금 3꼬집, 식용유 3큰술

요리 영상

감자퀘사디아 1인분 ⏱ 20분

8월
14일

만드는 법

1. 감자 1개는 껍질을 벗기고 4등분으로 자른 후 물 2큰술을 넣고 전자레인지 용기에 담아 랩을 씌우거나 뚜껑을 덮고 3~4분간 돌려주세요.

2. 감자에 소금 2꼬집을 넣고 으깨주세요.

3. 토르티야 1장 위에 토마토소스 2큰술을 바르고 으깬 감자를 올린 뒤 모짜렐라치즈 2줌을 올리고 토르티야 1장을 덮어주세요.

4. 예열된 프라이팬에 약불로 앞뒤 노릇하게 굽고 먹기 좋게 자르면 완성!

TIP

· 토마토소스 대신 스리라차 1큰술+케첩 1큰술 조합 또는 핫소스 1큰술+케첩 1큰술 조합도 좋아요.

· 속 재료로 베이컨이나 햄, 양파볶음 등을 추가하면 더 맛있어요.

· 에어프라이어에 180도로 6분간 구워줘도 좋아요.

요리 영상

재료

감자 1개, 토르티야 2장, 토마토소스 2큰술, 모짜렐라치즈 2줌, 물 2큰술, 소금 2꼬집

꽁치김치찌개 2.5인분 ⏱ 20분

만드는 법

1. 신김치는 먹기 좋게 잘라 냄비에 담고 김칫국물 1컵, 설탕 1/2큰술을 넣고 3분간 볶아주세요.

2. 꽁치캔을 국물까지 다 넣고 맛술 2큰술, 들기름 1큰술, 물 500ml, 고춧가루 1큰술, 다진 마늘 1큰술, 참치액 1큰술을 넣은 후 뚜껑을 열고 10분간 끓여주세요.

3. 그동안 청양고추 1개와 대파 1/4대는 송송 썰어주세요.

4. 10분 뒤 청양고추, 대파를 넣고 한소끔 끓이면 완성!

재료

꽁치캔 1개, 신김치 1/4포기, 김칫국물 1컵(200ml), 설탕 1/3~1/2큰술(생략 가능), 맛술 2큰술, 들기름 1큰술(생략 가능), 물 2.5컵(500ml), 고춧가루 1큰술, 다진 마늘 1큰술, 참치액(또는 국간장) 1큰술, 청양고추 1개, 대파 1/4대

TIP

- 들기름을 넣으면 꽁치의 비린 맛을 잡을 수 있어요.
- 꽁치캔을 사지 않고 꽁치로 요리할 경우 가시가 많아 먹기 힘들 수 있어요.
- 설탕으로 김치의 신맛을 잡아요. 설탕의 양은 김치의 신맛에 따라 조절해 주세요.

요리 영상

부추전 1인분 ⏱ 15분

8월
13일

요리 영상

만드는 법

1. 부추 1/5단은 잘 씻어 4~5cm 간격으로 자르고, 청양고추 1개는 송송 썰어주세요.

2. 믹싱볼에 부침가루 1/2컵, 물 100ml를 넣고 잘 섞어주세요.

3. 반죽에 자른 부추와 청양고추를 넣고 잘 섞어주세요.

4. 식용유를 두른 프라이팬에 부추전 반죽을 올린 뒤 중불로 앞뒤 노릇하게 익혀주면 완성!

TIP

· 반죽에 튀김가루 1~2큰술을 섞으면 더 바삭해져요.

· 부침가루 대신 밀가루 1/2컵을 넣어도 좋아요. 단, 이때는 소금 간을 살짝 해주세요.

재료

부추 1/5단(100g), 청양고추 1개(생략 가능), 부침가루 1/2컵, 물 1/2컵 (100ml)

반숙달걀장 2.5인분 ⓒ 10분(1시간 이상 숙성 필요)

5월
16일

만드는 법

1. 냄비에 물을 올리고 물이 끓으면 중불로 줄인 다음 달걀을 넣고 6분 30초간 삶은 후 찬물에 식혀 껍질을 까주세요.

2. 양파와 대파는 다져주세요.

3. 진간장 100ml, 물 150ml, 올리고당 2큰술, 대파, 양파를 섞은 후 삶은 반숙란을 넣어줍니다.

4. 냉장고에서 최소 1시간 이상 숙성해 주면 완성!

TIP

· 삶은 달걀을 찬물에 식히고 껍질을 살짝 깬 후 다시 찬물에 담가두면 껍질이 더 잘 까져요.

· 지퍼백이나 위생백에 숙성하면 적은 간장 양으로 반숙달걀장을 더 많이 만들 수 있습니다.

· 밥 위에 반숙달걀장을 올리고 버터나 참기름을 넣고 비벼 먹으면 맛있어요.

요리 영상

재료

달걀 4~6개, 진간장 1/2컵(100ml), 물 2/3컵(150ml), 올리고당 2큰술 (또는 설탕 1큰술), 양파 1/4개, 대파 1/3대

꽈리고추된장삼겹볶음 1.5인분 ⏱ 20분

만드는 법

1. 소스를 만들어주세요.
2. 꽈리고추는 한입 크기로 잘라주세요.
3. 프라이팬이나 웍에 삼겹살을 넣고 볶다가 거의 다 익으면 다진 마늘 1큰술을 넣고 볶아주세요.
4. 고기가 노릇하게 다 익으면 꽈리고추와 만들어 둔 소스를 넣고 볶아주세요.
5. 꽈리고추를 원하는 식감만큼 익도록 볶아주면 완성!

재료

삼겹살 300g, 꽈리고추 20개(150g), 다진 마늘 1큰술

* 소스 재료

된장 1큰술, 진간장 1큰술, 설탕 1큰술, 맛술 3큰술

TIP

· 단맛은 입맛에 맞게 가감해 주세요.
· 다진 생강을 1/3작은술 정도 추가하면 일본식 맛에 좀 더 가까워요.

요리 영상

중화제육볶음 2.5인분 ⓒ15분

5월
17일

만드는 법

1. 양파 1/2개는 채 썰고 대파 1대는 반 갈라 3~4cm 크기로 썰어주세요.

2. 프라이팬에 기름을 살짝 두르고 앞다리살, 설탕 2큰술, 진간장 2큰술, 두반장 1큰술을 넣고 볶아주세요.

3. 고기가 반 이상 익으면 굴소스 1큰술, 다진 마늘 1큰술, 대파, 고춧가루 2큰술을 넣고 볶아주세요.

4. 고기와 대파가 다 익었을 때 양파를 넣고 빠르게 볶아주면 완성!

재료

제육볶음용 앞다리살 500~600g, 양파 1/2개, 대파 1대, 식용유 3큰술, 설탕 2큰술, 진간장 2큰술, 두반장 1큰술, 굴소스 1큰술, 다진 마늘 1큰술, 고춧가루 2큰술

TIP

· 양파가 아삭한 게 좋으면 레시피대로 넣고, 푹 익은 식감이 좋으면 대파를 넣을 때 양파를 함께 넣어주세요.

요리 영상

애호박새우젓국

1.5인분 ⏱ 15분

8월
11일

만드는 법

1. 애호박 2/3개는 살짝 두껍게 한입 크기로 깍둑 썰고, 양파 1/2개는 채 썰어주세요.

2. 냄비에 애호박, 물 500ml, 새우젓 1큰술, 다진 마늘 2/3큰술, 국간장 1/2큰술을 넣고 5분 정도 끓여주세요.

3. 양파를 넣고 3분간 더 끓이면 완성!

재료

애호박 2/3개, 양파 1/2개, 물(또는 쌀뜨물) 2.5컵(500ml), 새우젓 1큰술, 다진 마늘 2/3큰술, 국간장 1/2큰술

TIP

- 새우젓은 입맛과 염도에 따라 가감하되, 살짝 넉넉하게 넣어야 맛있어요. 일단 처음에 1큰술을 넣어보고 마지막에 간을 본 후 추가하는 것을 추천해요.

- 두부를 넣어도 좋아요.

요리 영상

전자레인지순두부달걀찜 2인분 ⏱15분

만드는 법

1. 전자레인지 사용 가능한 그릇에 달걀 4개를 잘 풀어주세요.

2. 달걀에 물 100ml를 넣고 참치액 1큰술, 소금 1작은술로 간을 해주세요.

3. 순두부를 썰어 달걀물에 넣고 랩을 씌운 후 구멍을 뚫고 전자레인지에 4분씩 두 번 돌려주세요.

4. 완성된 달걀찜에 참기름, 대파, 깨를 뿌리면 완성!

재료

순두부 1봉, 달걀 4개, 물 1/2컵(100ml), 참치액 1큰술, 소금 1작은술,
참기름 약간, 송송 썬 대파 1큰술(생략 가능), 깨 약간

요리 영상

돼지고기고추장찌개 2인분 ⓒ 35분

8월
10일

만드는 법

1. 감자, 양파, 애호박, 두부는 큼직하게 깍둑 썰고, 대파와 청양고추는 송송 썰어주세요.

2. 냄비에 식용유, 앞다리살을 넣고 볶다가 고기의 겉면이 하얗게 익기 시작하면 고추장 2큰술, 진간장 1큰술을 넣고 1분간 볶아주세요.

3. 물 500ml를 부은 후 끓기 시작하면 5분 뒤 감자, 다진 마늘 1큰술, 새우젓 2/3큰술, 참치액 1큰술, 설탕 1/2큰술, 고춧가루 1.5큰술를 넣고 10분 정도 끓여주세요.

4. 애호박, 양파를 넣고 5분간 더 끓인 뒤 대파, 청양고추, 두부, 물 100ml를 넣고 5분 정도 더 끓여주세요.

5. 마지막에 후추를 뿌리면 완성!

재료

앞다리살(또는 삼겹살) 300g, 물 3컵(600ml), 감자 1개, 양파 큰 것 1/2개, 애호박 1/3개, 두부 1/3모(생략 가능), 대파 1/3대, 청양고추 1개(생략 가능), 식용유 2큰술, 고추장 2큰술, 진간장 1큰술, 다진 마늘 1큰술, 새우젓(멸치액젓 또는 까나리액젓으로 대체 가능) 2/3큰술, 참치액 1큰술(또는 다시다 1/2큰술), 설탕 1/2큰술, 고춧가루 1.5큰술, 후추 약간

TIP

· 매콤함의 정도는 매운 고춧가루나 청양고추로 조절해 주세요.

· 화력에 따라 마지막에 추가하는 물의 양을 조절해 주세요.

요리 영상

크래미전 1인분 ⏱ 10분

만드는 법

1. 크래미는 사선으로 2등분해 주세요.

2. 달걀 1개에 소금을 약간 넣고 잘 풀어주세요.

3. 크래미를 달걀물에 넣고 잘 묻혀주세요.

4. 프라이팬에 식용유를 두르고 크래미를 숟가락으로 떠서 올려 노릇하게 부쳐내면 완성!

재료

크래미 6줄, 달걀 1개, 소금 약간, 식용유 2큰술

요리 영상

부추달걀볶음 1인분 ⏱ 10분

8월
9일

만드는 법

1. 부추 1/5단을 깨끗이 씻어 4~5cm 크기로 썰어주세요.

2. 그릇에 달걀 3개, 소금 1꼬집을 넣고 잘 풀어주세요.

3. 식용유를 두른 프라이팬에 달걀을 넣고 스크램블드에그를 만든 뒤 부추, 굴소스 2/3큰술을 넣고 빠르게 볶아주세요.

4. 부추가 살짝 숨 죽으면 후추를 뿌려 가볍게 섞어주면 완성!

재료

부추 1/5단(100g), 식용유 2큰술, 달걀 3개, 소금 1꼬집, 굴소스 2/3큰술, 후추 약간

TIP

· 부추는 오래 볶으면 질겨져요. 살짝만 볶아주세요.

요리 영상

콩나물냉채 2인분 ⏱ 15분

5월
20일

만드는 법

1. 콩나물은 깨끗이 씻고 끓는 물에 3분간 데친 후 찬물에 식혀 물기를 빼주세요.

2. 오이 1/2개는 채 썰고 크래미는 잘게 찢어주세요.

3. 소스를 만들어주세요.

4. 믹싱볼에 콩나물, 크래미, 오이를 넣고 만들어 둔 소스를 부어 섞어주면 완성!

재료

콩나물 1봉(200g), 오이 1/2개, 크래미 2줄

* 소스 재료

설탕 2큰술, 간장 1/2큰술, 소금 1/2작은술, 다진 마늘 1/3큰술, 겨자
1/3큰술, 식초 2큰술, 물 1큰술

TIP

· 냉장고에 두고 차갑게 먹으면 더 맛있습니다.

요리 영상

닭백숙

2인분 ⏱ 1시간

8월
8일

만드는 법

1. 생닭은 날개 끝부분과 꽁지를 잘라내고 목과 다리 사이에 있는 지방이 많은 부분도 가위로 손질해 주세요.

2. 냄비에 닭, 물 1.5L, 대파 1/2대, 양파 1/2개, 통마늘 12개, 소금 1/4큰술을 넣고 뚜껑을 연 채 센불로 10분간 끓여주세요.

3. 뚜껑을 덮고 중약불로 줄인 뒤 50분간 끓여주세요.

4. 대파와 양파를 건져내고, 부추를 백숙 국물에 살짝 데쳐서 건져주세요.

5. 데친 부추를 백숙 위에 올려주면 완성!

재료

생닭 1마리, 물 7.5컵(1.5L), 대파 1/2대, 양파 1/2개, 통마늘 12개, 소금 1/4큰술, 부추 1/5단(100g)

TIP

· 부추는 국물에 오래 두면 질겨져요. 살짝만 데친 후 건져내야 질겨지지 않아요.

요리 영상

프렌치토스트 1인분 ⓘ 10분

만드는 법

1. 달걀 2개에 설탕 1큰술, 우유 3큰술을 넣고 잘 풀어주세요.

2. 식빵은 4등분으로 잘라주세요.

3. 식빵에 달걀물을 잘 묻혀주세요.

4. 식용유를 두른 프라이팬에 식빵을 올려 중약불로 노릇하게 구워주면 완성!

재료

식빵 2장, 달걀 2개, 설탕 1큰술, 우유 3큰술, 식용유 2큰술

TIP

· 식빵을 버터에 구워도 좋아요.

요리 영상

고구마치즈전 1인분 ⏱15분

8월
7일

만드는 법

1. 고구마는 껍질을 벗기고 최대한 가늘게 채 썰어주세요. (채칼이 있다면 채칼을 사용해주세요.)

2. 믹싱볼에 채 썬 고구마, 소금 2꼬집을 넣고 잘 섞어준 뒤, 모짜렐라치즈를 넣고 가볍게 섞어주세요.

3. 식용유를 두른 프라이팬에 **2**를 올리고 동그랗게 모양을 잡아가며 넓게 펼쳐주세요.

4. 밑면이 노릇하게 익으면 반으로 접어 바삭하게 익혀주면 완성!

재료

고구마 1개(150g), 식용유 3큰술, 소금 2꼬집, 모짜렐라치즈 1줌

TIP

· 꿀을 뿌려 먹으면 더 맛있어요.

요리 영상

순살감자탕 <small>2인분 ⏱ 1시간</small>

5월
22일

만드는 법

1. 앞다리살은 큼직하게 썰어 씻어낸 후 키친타월로 핏물을 제거해 줍니다.

2. 냄비에 앞다리살, 물 1.2L, 된장 2큰술을 넣고 뚜껑을 연 채 강불로 5분간 끓이다가, 뚜껑을 덮고 중약불로 30분간 끓여주세요.

3. 감자는 2등분으로 썰고, 대파는 반 갈라 4cm 크기로 썰고, 데친 시래기는 먹기 좋게 썰고, 깻잎 4장은 채 썰어주세요.

4. 물 300ml, 감자, 데친 시래기, 대파, 다진 마늘 1큰술, 고춧가루 2큰술, 참치액 1큰술, 국간장 1큰술을 넣고 뚜껑을 덮고 20분간 끓여주세요.

5. 마무리로 깻잎, 후추, 들깨가루를 넣고 끓여주면 완성!

재료

돼지고기 앞다리살(뒷다리살 가능) 500g, 물 7.5컵(1.5L), 된장 2큰술, 다진 마늘 1큰술, 고춧가루 2큰술, 참치액 1큰술, 국간장 1큰술, 감자 1개, 대파 1대, 데친 시래기 300g, 깻잎 4장(생략 가능), 들깨가루 2/3 큰술(생략 가능), 후추 약간

TIP

- 데친 시래기는 마트에 팔아요.
- 시래기는 우거지나 얼갈이로 대체 가능해요.
- 다시다를 넣으면 식당에서 파는 맛에 더 가까워요.
- 얼큰한 게 좋다면 청양고추를 추가해 주세요.

요리 영상

고구마에그슬럿 1인분 ⏱ 15분

8월
6일

만드는 법

1. 전자레인지 용기에 깨끗이 씻은 고구마 1개와 물 3큰술을 넣고 랩을 씌우거나 뚜껑을 덮고 전자레인지에 5분간 돌려주세요.

2. 다 익은 고구마는 껍질을 벗겨 소금 2꼬집을 넣고 으깨주세요.

3. 전자레인지 용기에 으깬 고구마, 달걀 1개, 모짜렐라치즈 순으로 올려주세요.

4. 달걀노른자 부분은 젓가락으로 두 번 정도 찔러서 터뜨려주고, 전자레인지에 2분 30초 동안 돌려주세요.

5. 파슬리를 뿌리면 완성!

재료

고구마 1개(150g), 물 3큰술, 달걀 1개, 모짜렐라치즈 1줌, 소금 2꼬집, 파슬리(생략 가능)

TIP

• 고구마가 뻑뻑할 경우 우유를 살짝 섞어주세요.

요리 영상

마늘종볶음 2인분 ⏱ 10분

5월
23일

만드는 법

1. 마늘종은 끝에 질긴 부분은 잘라내고 4cm 크기로 잘라주세요.

2. 프라이팬에 식용유를 두르고 다진 마늘 1큰술과 마늘종을 넣고 1~2분간 볶아주세요.

3. 진간장 2큰술, 물 4큰술을 넣고 조리듯 볶아주세요.

4. 수분이 다 날아가면 올리고당 1/2큰술, 깨 1/2큰술을 넣고 살짝만 볶아주면 완성!

재료

마늘종 200g, 식용유 2큰술, 다진 마늘 1큰술, 진간장 2큰술, 물 4큰술, 올리고당 1/2큰술, 깨 1/2큰술

요리 영상

치즈달걀말이 1인분 ⏱ 15분

만드는 법

1. 대파 1/6대는 다져주세요.

2. 믹싱볼에 달걀 4개, 참치액 1큰술, 다진 대파를 넣고 잘 섞어주세요.

3. 식용유를 두른 프라이팬에 달걀물을 2/3 정도 붓고 반 이상 익으면 모짜렐라치즈를 올려주세요.

4. 다 말아지면 끝으로 밀고 남은 달걀물 1/3을 부어 이어주세요.

5. 약불로 잘 말아가며 익혀주면 완성!

재료

달걀 4개, 대파 1/6대(또는 쪽파 4줄), 참치액 1큰술, 식용유 3~4큰술, 모짜렐라치즈 1줌(또는 체더치즈 1장)

TIP

• 한 김 식히고 잘라야 예쁘게 잘려요.

요리 영상

시래기된장국 2인분 ⏱ 20분

만드는 법

1. 데친 시래기는 먹기 좋게 썰고 대파 1/4대는 송송 썰어주세요.

2. 끓일 냄비에 시래기를 넣고 된장 2큰술에 버무려주세요.

3. 다진 마늘 2/3큰술, 동전 육수 1개를 넣고 물 800ml를 붓고 뚜껑을 덮어 중약불로 15분간 끓여주세요.

4. 대파를 넣고 한소끔 끓이면 완성!

재료

데친 시래기 150g, 대파 1/4대, 된장 2큰술, 다진 마늘 2/3큰술, 동전 육수 1개, 물 4컵(800ml)

TIP

· 데친 시래기는 마트에 팔아요.

요리 영상

가지전 1.5인분 ⊙15분

만드는 법

1. 가지 1개는 어슷 썰어주세요.

2. 믹싱볼에 부침가루 1/2컵, 물 1/2컵을 넣고 잘 섞어주세요.

3. 가지에 반죽을 잘 입혀주세요.

4. 식용유를 두른 프라이팬에 중약불로 앞뒤 노릇하게 부쳐주면 완성!

재료

가지 1개, 부침가루 1/2컵, 물 1/2컵(100ml)

* 초간장 재료

진간장(또는 양조간장) 2큰술, 식초 1큰술, 깨 약간, 고춧가루 1작은술
(생략 가능)

TIP

· 반죽 비율은 1:1이에요. 부침가루 1컵이면 물도 1컵!

· 튀김가루를 섞으면 조금 더 바삭해져요.

· 가지는 살짝 도톰하게 썰어야 더 맛있어요.

요리 영상

깻잎달걀부침 1인분 ⏱ 20분

만드는 법

1. 깻잎은 깨끗이 씻어 가위로 잘게 썰어주세요.

2. 달걀 2개를 풀고 잘게 썬 깻잎과 소금 1꼬집을 넣고 잘 섞어주세요.

3. 프라이팬에 식용유를 두르고 한 숟가락씩 떠서 노릇하게 부치면 완성!

재료

깻잎 10장(20g), 달걀 2개, 소금 1꼬집, 식용유 2큰술

TIP

· 한판으로 크게 부쳐도 좋아요.

· 소금 대신 참치액 1작은술을 넣어 간하면 더 맛있어요.

요리 영상

매콤참치마요주먹밥 1.5인분 ⓛ 10분

8월
3일

만드는 법

1. 밥 1공기에 기름 뺀 참치, 고추장 1/2큰술, 마요네즈 1/2큰술을 넣고 잘 섞어주세요.

2. 한입 크기로 동글동글 뭉쳐주세요.

3. 위생백에 조미김을 넣고 부셔서 김가루로 만들어주세요.

4. 주먹밥을 김가루 위에 굴려 잘 묻혀주면 완성!

재료

밥 1공기(200g), 참치캔 1개(100g), 고추장 1/2큰술, 마요네즈 1/2큰술, 조미김(또는 김가루)

요리 영상

마늘종볶음밥 1인분 ⏱ 10분

(만드는 법)

1. 마늘종은 1~2cm 크기로 썰어주세요.

2. 프라이팬에 식용유를 두르고 마늘종을 30초 정도 볶다가 한쪽으로 밀어두고 달걀 2개를 풀지 않고 넣어주세요.

3. 달걀을 프라이팬 한쪽에서 스크램블드에그 하듯이 잘 섞어가며 익혀주세요.

4. 달걀이 다 익으면 밥 1공기를 넣고 골고루 잘 볶아준 후 진간장 2/3큰술, 소금 2꼬집으로 간을 해주면 완성!

(재료)

마늘종 5줄, 밥 1공기, 달걀 2개, 식용유 2큰술, 진간장 2/3큰술, 소금 2꼬집

TIP

· 햇반 사용 시 전자레인지에 1분만 돌려주세요.

요리 영상

가지볶음 1.5인분 ⏱15분

8월
2일

만드는 법

1. 가지는 반 갈라 어슷 썰고, 양파는 가지와 비슷한 두께로 채 썰어주세요.

2. 양념장을 만들어주세요.

3. 식용유를 살짝 두른 웍에 가지, 양파를 넣고 중불로 볶다가 살짝 숨이 죽으면 불을 끄고 양념장을 넣어주세요.

4. 다시 불을 켜고 센불로 볶다가 참기름 1큰술과 깨 1/2큰술로 마무리하면 완성!

재료

큰 가지 3개, 양파 1/2개, 식용유 1큰술, 참기름 1큰술, 깨 1/2큰술

* 양념장 재료
맛술 3큰술, 진간장 3큰술, 국간장 1큰술, 고춧가루 1큰술, 다진 마늘 1큰술

TIP

· 간을 맞추기 어렵다면 양념장을 넉넉하게 만들어 간을 보면서 조금씩 넣고 볶아주세요.

요리 영상

깻잎김치 3.5인분 ⏱ 15분

5월
27일

만드는 법

1. 깻잎은 깨끗이 씻어 물기를 털어주세요.
2. 양파 1/2개는 얇게 채 썰어주세요.
3. 양념장을 만들어주세요.
4. 채 썬 양파에 양념장을 섞은 후 1/2큰술씩 떠서 깻잎 두 장에 한 번씩 발라주면 완성!

재료

깻잎 50장(100g), 양파 1/2개

* 양념장 재료

양조간장(또는 진간장) 2큰술, 국간장 2큰술, 액젓(멸치액젓, 까나리액젓 등 가능) 2큰술, 물 5큰술, 고춧가루 2큰술, 올리고당 1큰술, 다진 마늘 2/3큰술, 깨 1/2큰술

요리 영상

참치김치찌개 1.5인분 ⏱ 20분

만드는 법

1. 신김치는 먹기 좋게 잘라주세요.

2. 냄비에 자른 김치, 김칫국물 100ml, 물 600ml를 붓고 10분간 끓여주세요.

3. 그동안 양파 1/4개는 채 썰고, 대파 1/5대는 어슷 썰고, 두부 1/3모는 깍둑 썰어주세요.

4. 10분 뒤 양파와 고춧가루 1큰술을 넣고, 국간장 1큰술로 부족한 간을 맞춘 다음 두부를 넣고 5분간 끓여주세요.

5. 마지막으로 참치캔과 대파를 넣고 한소끔 끓이면 완성!

재료

신김치 1컵(150g), 김칫국물 약 1/2컵(100ml), 물 3컵(600ml), 참치캔 1개(100g), 양파 1/4개, 대파 1/5대, 두부 1/3모(생략 가능), 고춧가루 1큰술, 국간장(또는 참치액) 1큰술

TIP

· 김치 염도에 따라 간을 조절해 주세요.
· 김치의 신맛이 너무 강하다면 처음 김치를 끓일 때 설탕 1/3~1/2큰술을 추가해 주세요.

요리 영상

감자샐러드 1.5인분 ⏱ 20분

만드는 법

1. 감자는 껍질을 제거하고 4cm 정도 크기로 깍둑 썰어 전자레인지 용기에 넣은 후 물 1.5큰술을 넣고 랩이나 뚜껑을 덮어 5분간 돌려주세요.

2. 양파는 채 썰고, 베이컨은 잘게 자르고, 오이는 얇게 썰어 소금 1/3작은술을 넣고 버무린 후 5분 동안 절여주세요.

3. 프라이팬에 식용유 1/2큰술, 잘게 자른 베이컨을 넣고 볶다가 살짝 노릇해지면 채 썬 양파를 넣고 양파가 익을 때까지 볶아주세요.

4. 찐 감자에 소금 2/3작은술, 설탕 1/2작은술을 넣고 잘 으깨준 뒤 볶은 베이컨과 양파를 넣고 식혀주세요.

5. 절여둔 오이는 물로 헹군 뒤 물기를 짜고 감자가 식었으면 오이, 마요네즈를 넣고 잘 섞어주면 완성!

재료

감자 보통 크기 3개(또는 큰 것 2개), 양파 1/4개, 베이컨 2~3줄, 오이 1/2개(생략 가능), 식용유 1/2큰술, 소금 1작은술, 설탕 1/2작은술, 마요네즈 3~4큰술

TIP

· 통후추를 뿌리면 더 맛있어요.
· 샌드위치로 만들어 먹어도 좋아요.

요리 영상

8월

8월의 제철 재료

아욱
'채소의 왕'이라는 별명답게 영양이 매우 풍부한 채소입니다. 뼈 건강에 좋은 칼슘이 많이 들어있고 비타민A, 비타민C 등도 풍부하게 들어있어요. 잎이 넓고 부드러우며 줄기가 통통하고 연한 것을 골라야 해요. 된장국, 나물무침, 쌈밥 등으로 활용할 수 있어요.

고구마
달콤한 맛과 부드러운 식감으로 모두에게 사랑받는 고구마는 3대 면역 식품 중 하나입니다. 흠집이 없고 표면이 단단하면서 매끈한 것을 골라야 해요. 싹이 났거나 파인 곳이 있는 고구마는 피하도록 해요. 생으로 먹어도 아삭하니 맛있고 쪄 먹거나 튀김, 전, 샐러드 등에 활용할 수 있어요.

대패삼겹두루치기 2인분 ⏱15분

만드는 법

1. 양파 1/2개는 채 썰고 대파 1대는 어슷 썰어주세요.
2. 돼지고기에 양념장을 넣고 버무려주세요.
3. 양념장에 버무린 고기와 물 100ml를 프라이팬에 넣고 볶아주세요.
4. 고기가 반 이상 익으면 양파와 대파를 넣고 채소와 고기가 충분히 익을 때까지 볶아주면 완성!

재료

얇은 불고기용 돼지고기 500~600g, 물 1/2컵(100ml), 양파 1/2개, 대파 1대

* 양념장 재료

맛술 3큰술, 고추장 2큰술, 진간장 3큰술, 다진 마늘 1큰술, 고춧가루 3큰술, 물엿(올리고당 또는 조청 쌀엿으로 대체 가능) 1큰술, 설탕 1/2큰술, 후추 약간

TIP

- 고기는 앞다리살, 뒷다리살, 대패삼겹살 등 사용 가능해요.
- 매콤하게 먹고 싶다면 청양고추를 잘게 썰어 넣거나 매운 고춧가루로 조절해 주세요.

요리 영상

짬뽕라면 1인분 ⓘ 15분

미리 준비해 주세요

냉동 해물은 흐르는 물에 해동하거나 옅은 소금물에 5분 정도 담가 해동해 주세요.

만드는 법

1. 양파 1/4개는 채 썰고, 대파 1/4대와 청양고추 1개는 송송 썰어주세요.

2. 냄비에 식용유 1큰술, 우삼겹을 넣고 볶다가 거의 다 익으면 진간장 1큰술, 고춧가루 1.5큰술을 넣고 약불로 타지 않게 1분간 볶아주세요.

3. 물 600ml, 라면스프 1개, 굴소스 1/2큰술, 라면 1개를 넣고 끓여주세요.

4. 완성되기 1분 전에 청양고추와 해물믹스를 넣고 끓여주세요.

5. 그릇에 담고 후추를 뿌리면 완성!

재료

우삼겹(또는 대패삼겹) 1줌, 냉동 해물믹스 1줌, 라면 1개, 라면스프 1개, 식용유 1큰술, 양파 1/4개, 대파 1/4대, 청양고추 1개(생략 가능), 진간장 1큰술, 고춧가루 1.5큰술, 물 3컵(600ml), 굴소스(또는 치킨스톡) 1/2큰술, 후추 약간

TIP

· 해물은 오래 익히면 질겨지니 완성되기 1분 전에 넣어주세요.

요리 영상

새송이버섯전 1인분 ⏱ 15분

만드는 법

1. 새송이버섯은 밑동을 잘라내고 세로 0.3~0.5cm 두께로 잘라주세요.

2. 새송이버섯 위에 소금 3꼬집을 뿌려 5분간 기다립니다.

3. 달걀 2개에 참치액 1작은술을 넣고 잘 풀어주세요.

4. 새송이버섯을 부침가루, 달걀 순으로 묻혀주세요.

5. 프라이팬에 식용유를 두르고 노릇노릇하게 부치면 완성!

재료

새송이버섯 큰 것 1개(또는 작은 것 2개), 달걀 2개, 소금 3꼬집, 부침가루 1큰술, 참치액 1작은술(또는 소금 1꼬집), 식용유 2큰술

요리 영상

두부그라탕 1인분 ⏱ 15분

만드는 법

1. 두부 1/2모, 달걀 1개를 넣고 으깨면서 잘 섞어준 뒤 소금과 후추로 간을 해주세요.

2. 전자레인지 용기에 넣고 모짜렐라치즈를 올린 뒤 180도 오븐에 10분 또는 전자레인지에 5분 동안 치즈가 녹을 때까지 익혀주면 완성!

TIP

- 두부와 달걀 비율은 취향껏! 달걀을 더 넣으면 달걀찜 식감에 더 가까워요.
- 스리라차, 핫소스 등을 뿌려 간을 조절할 수 있어요.
- 체더치즈, 베이컨, 닭가슴살, 브로콜리, 양파 등 토핑을 더 추가해도 맛있어요.

요리 영상

재료

두부 1/2모(250g), 달걀 1개, 소금 2꼬집, 후추 약간, 모짜렐라치즈

새송이버섯스테이크 1인분 ⏱ 15분

5월
31일

1. 새송이버섯은 밑동을 잘라내고 가로 3~4cm 두께로 자른 후 한쪽 면에 칼집을 내 주세요.

2. 프라이팬에 식용유와 버터 2조각을 넣고 버터가 녹으면 새송이버섯을 올려 노릇 하게 구워주세요.

3. 노릇하게 익으면 프라이팬 한쪽에 버터 1조각, 다진 마늘 2/3큰술을 넣고 살짝 볶 아 버섯에 마늘향을 입혀줍니다.

4. 쯔유 1큰술을 넣고 살짝만 더 볶아주면 완성!

재료

새송이버섯 2개, 무염버터 3조각(30g), 식용유 1큰술, 다진 마늘 2/3큰 술, 쯔유 1큰술(또는 진간장 1큰술+맛술 1/2큰술로 대체 가능)

요리 영상

두부김치 2인분 ⏱ 20분

7월
29일

만드는 법

1. 신김치는 가위로 먹기 좋게 썰고, 양파 1/2개는 채 썰어주세요.

2. 프라이팬에 식용유 1큰술을 두르고 대패삼겹살, 다진 마늘 1큰술, 맛술 2큰술을 넣고 볶아주세요.

3. 고기가 하얗게 익으면 진간장 2큰술, 고추장 2/3큰술, 김칫국물 3큰술, 김치, 설탕 1큰술, 고춧가루 1큰술을 넣고 볶아주세요.

4. 고기와 김치가 다 익으면 양파를 넣고 2분 정도 볶은 후 깨를 뿌려 마무리합니다.

5. 두부는 물에 데치거나 전자레인지에 3분 정도 데워서 먹기 좋게 자르고 접시에 김치볶음과 함께 담아주면 완성!

재료

두부 1/2모(250g), 대패삼겹살(또는 불고기용 돼지고기) 300g, 신김치 2컵(300g), 양파 1/2개, 식용유 1큰술, 다진 마늘 1큰술, 맛술 2큰술, 진간장 2큰술, 고추장 2/3큰술, 김칫국물 3큰술, 설탕 1큰술, 고춧가루 1큰술

TIP

• 대패삼겹살에 기름이 많은 경우 식용유는 생략해 주세요.

• 두부를 전자레인지에 데울 때는 전자레인지 용기에 두부, 물 100ml를 넣고 뚜껑을 덮거나 랩을 씌워 3분간 돌려주세요.

요리 영상

6월

6월의 제철 재료

오이

특유의 향긋한 향과 아삭한 식감의 오이는 95%의 수분으로 구성되어 피부와 다이어트에 좋아요. 꼭지가 싱싱하고 과육이 단단하며 너무 굵지 않고 모양이 일정한 것을 골라야 해요. 냉장고에 보관 시 신문지로 감싼 후 꼭지가 위로 가게 세워서 보관하면 신선함이 더 오래갑니다. 그냥 먹어도 맛있는 오이는 샐러드, 무침, 오이소박이 등으로 만들 수 있어요.

참외

초여름을 알리는 과일의 대표 주자로 아삭한 과육과 달콤한 과즙이 일품이에요. 비타민C 함유로 피로 회복, 면역력 강화에 좋아요. 노란빛이 선명하고 줄무늬 골이 깊으며 꼭지 부분이 싱싱하고 참외 배꼽 크기가 작은 것이 더 달고 맛있어요. 그냥 먹어도 맛있지만 샐러드, 청으로 만들어서 시원하게 먹어보세요.

콩나물전 1인분 ⏱ 10분

7월
28일

요리 영상

만드는 법

1. 콩나물은 가위나 칼로 잘게 썰고 청양고추는 송송 썰어 믹싱볼에 넣어주세요.

2. 1에 부침가루 2큰술, 물 3큰술을 넣고 잘 섞어서 반죽해 주세요.

3. 프라이팬에 식용유를 두르고 한 숟가락씩 떠서 노릇하게 부치면 완성!

재료

콩나물 100g, 청양고추 1개(생략 가능), 부침가루 2큰술, 물 3큰술, 식용유 3큰술

시금치된장국 2인분 ⏱ 10분

만드는 법

1. 시금치는 깨끗이 씻어서 준비해 주세요.

2. 냄비에 물 800ml를 붓고 동전 육수 1개, 된장 1.5큰술, 고추장 1/2큰술을 넣고 끓여주세요.

3. 물이 끓으면 시금치, 다진 마늘 1/2큰술을 넣고 5분 정도 끓여주세요.

4. 국간장 1/2큰술로 간을 하면 완성!

재료

시금치 1/2단(150g), 물 4컵(800ml), 동전 육수 1개(또는 다시팩), 된장 1.5큰술, 고추장 1/2큰술, 다진 마늘 1/2근술, 국간장 1/2큰술

TIP

· 칼칼한 맛을 더하고 싶다면 고춧가루나 청양고추를 추가해 주세요.

요리 영상

어묵칩 1인분 ⏱ 5분

7월
27일

1. 전자레인지용 접시에 어묵 1장을 12등분으로 잘라서 펼쳐주세요.

2. 전자레인지에 1분 30초 동안 돌리고, 어묵을 뒤집은 후 다시 1분 30초 동안 돌려서 식혀주세요.

3. 간장 종지에 마요네즈 1.5큰술을 담은 후 양조간장 1/2큰술을 뿌리고 청양고추 1개를 가위로 잘게 썰어 올려 찍어 먹는 소스를 만들어주세요.

4. 그릇에 바삭한 어묵칩과 간장마요소스를 함께 올려주면 완성!

재료

어묵 1장

* 찍어 먹는 소스 재료
마요네즈 1.5큰술, 양조간장(또는 진간장) 1/2큰술, 청양고추 1개(생략 가능)

TIP

• 어묵칩은 2~3분 정도 식으면 바삭해져요.

요리 영상

치킨카레라이스 2인분 ⏱ 30분

6월
2일

만드는 법

1. 양파는 얇게 채 썰어주세요.

2. 예열된 웍이나 냄비에 식용유를 살짝 두르고 닭고기를 껍질이 아래로 가도록 두고 소금 간을 한 뒤 구워주세요.

3. 껍질이 노릇해지면 뒤집어서 반대쪽은 겉면만 살짝 익힌 후 빼두고, 채 썬 양파를 넣고 갈색빛이 나도록 10분 정도 볶아주세요.

4. 양파가 다 볶아지면 버터 1조각과 빼뒀던 닭고기를 먹기 좋게 잘라 넣고 살짝 볶아줍니다.

5. 물 400ml를 붓고 중약불로 10분간 뭉근하게 끓이다가 약불로 줄인 후 카레를 넣고 잘 풀어준 뒤 5분 정도 더 끓이면 완성!

재료

닭다리살 750g, 양파 2개, 식용유 1큰술, 소금 3꼬집, 고형카레 2조각
(또는 카레가루 4큰술), 무염버터 1조각(생략 가능), 물 2컵(400ml)

TIP

- 고형카레는 제품마다 양이 다를 수 있으니, 확인 후 2인분만큼 넣어주세요.

요리 영상

라볶이 1인분 ⏱ 10분

만드는 법

1. 어묵 1장은 먹기 좋게 썰고, 대파 1/3대는 송송 썰고, 양파 1/4개는 채 썰어주세요.

2. 프라이팬에 물 500ml, 고추장 1큰술, 진간장 1큰술, 설탕 2/3큰술, 물엿 1/2큰술, 고춧가루 1큰술, 라면스프 1/2봉, 대파, 양파, 떡, 어묵을 넣고 1~2분간 끓여주세요.

3. 라면을 넣고 면이 다 익을 때까지 끓인 다음 후추를 약간 뿌리면 완성!

재료

떡국떡 7개(떡볶이떡으로 대체 또는 생략 가능), 어묵 1장, 대파 1/3대, 양파 1/4개(또는 양배추 1줌), 라면 1개, 라면스프 1/2봉, 물 2.5컵(500ml), 고추장 1큰술, 설탕 2/3큰술, 물엿(또는 올리고당) 1/2큰술, 진간장 1큰술, 고춧가루 1큰술, 후추 약간

TIP

· 체더치즈, 삶은 달걀 등 토핑을 올려도 좋아요.
· 라면 스프는 입맛에 따라 더 넣어도 좋아요.

요리 영상

깐풍기 2인분 ⏱ 20분

6월
3일

만드는 법

1. 청양고추 1개, 홍고추 1개, 대파 1/2대는 잘게 썰고, 닭다리살은 한입 크기로 자른 후 소금, 후추로 살짝 밑간해 주세요.

2. 깐풍소스를 만들어주세요.

3. 밑간한 닭다리살에 감자전분 3큰술을 넣고 잘 묻힌 뒤 식용유를 넉넉히 두른 프라이팬에 닭다리살을 6분 정도 노릇하게 튀긴 후 건져주세요.

4. 프라이팬에 고추기름을 두르고 잘게 썬 청양고추, 홍고추, 대파와 다진 마늘 1/2큰술을 넣고 살짝 볶다가 2를 붓고 센불로 살짝 조려주세요.

5. 튀겨둔 닭고기를 넣고 센불로 재빠르게 볶아내면 완성!

재료

닭다리살 350g, 청양고추 1개, 홍고추 1개, 대파 1/2대, 다진 마늘 1/2
큰술, 감자전분 3큰술, 소금 2꼬집, 후추 약간, 고추기름(또는 식용유)
2~3큰술

＊깐풍소스 재료

진간장 2큰술, 굴소스 1큰술, 식초 3큰술, 설탕 2큰술, 물 3큰술

TIP

· 남은 치킨이나 치킨너겟을 깐풍소스에 볶아 먹어도 맛있어요.
· 고추기름 간단 레시피는 5월 5일 마파두부 TIP을 참고해 주세요.

요리 영상

닭고기볶음밥 1인분 ⏱15분

7월
25일

만드는 법

1. 닭안심은 잘게 썰고 대파는 송송 썰어주세요.

2. 프라이팬에 식용유를 두르고 달걀프라이를 만들어서 빼두고, 닭안심, 소금 1꼬집을 넣고 겉이 하얗게 익을 때까지 볶아주세요.

3. 대파, 다진 마늘 1/2큰술을 넣고 닭안심이 다 익을 때까지 볶아주세요.

4. 밥을 넣고 섞어준 후 가장자리에 진간장 1/2큰술을 넣고 잘 볶아주세요.

5. 굴소스 1/2큰술로 간을 맞추고 후추를 약간 뿌린 뒤 달걀프라이를 올리면 완성!

재료

닭안심 150g, 밥 1공기, 대파 1/3대, 식용유 3큰술, 달걀 1개, 소금 1꼬집, 진간장 1/2큰술, 굴소스 1/2큰술, 다진 마늘 1/2큰술, 후추 약간

TIP

• 즉석밥 사용 시 뚜껑을 다 제거한 후 전자레인지에 1분간 돌리면 더 고슬고슬한 볶음밥을 만들 수 있어요.

요리 영상

황태미역국 2.5인분 ⏱ 40분

6월
4일

미리 준비해 주세요

미역은 찬물에 담가 10분간 불려주세요.

만드는 법

1. 황태채는 물에 가볍게 헹궈 먹기 좋게 가위로 잘라주세요.
2. 불린 미역은 찬물에 바락바락 씻은 후 물기를 짜서 준비합니다.
3. 냄비에 황태채, 들기름 1큰술, 물 500ml를 넣고 끓기 시작하면 센불로 10분간 끓여주세요.
4. 10분 후 자른 미역과 물 700ml를 넣고 중강불로 15분 끓여주세요.
5. 마지막으로 물 500ml를 추가 후 다진 마늘 1큰술, 국간장 1큰술, 참치액 1큰술을 넣고, 나머지 간은 소금으로 맞추고 5분 정도 더 끓이면 완성!

재료

황태채 크게 1줌(30g), 자른 미역 15g, 들기름 1큰술, 물 8.5컵(1.7L), 다진 마늘 1큰술, 국간장 1큰술, 참치액(다른 액젓으로 대체 가능) 1큰술, 소금 약간

TIP

· 시중에 파는 황태채는 길어서 잘라줘야 해요.
· 물을 나눠 넣으면 국물이 더 진해져요.

요리 영상

냉콩나물국

2인분 ⏱ 10분(식히는 시간 1시간)

7월
24일

만드는 법

1. 냄비에 물 1L를 붓고 물이 끓기 시작하면 콩나물을 넣고 3분간 끓여주세요.

2. 익은 콩나물은 건져서 찬물에 식혀주세요.

3. 청양고추 1개와 홍고추 1개는 송송 썰어주세요.

4. 콩나물 삶은 국물에 다진 마늘 2/3큰술, 청양고추, 홍고추, 국간장 1큰술, 소금 1/3큰술을 넣고 한소끔 끓인 뒤 1시간 이상 냉장고에 넣어두고 차갑게 식혀주세요.

5. 찬물에 식힌 콩나물에 냉장고에 넣어두었던 차가운 국물을 부어주면 완성!

재료

콩나물 200g, 물 5컵(1L), 청양고추 1개(생략 가능), 홍고추 1개(생략 가능), 다진 마늘 2/3큰술, 국간장 1큰술, 소금 1/3큰술

TIP

· 간을 조금 더 세게 하고, 얼음을 추가로 넣어도 괜찮아요.

· 냉장고에 보관하며 천천히 먹을 경우, 콩나물과 국물은 따로 보관해야 콩나물이 나중에도 아삭해요.

요리 영상

시금치무침 <small>1인분 ⏱10분</small>

6월
5일

만드는 법

1. 시금치는 깨끗이 씻어주세요.

2. 냄비에 물을 붓고 천일염 1/2큰술을 넣고 끓여주세요.

3. 물이 끓으며 시금치를 넣고 30초 정도 데친 후 찬물에 담가 식히고 물기를 꼭 짜
    주세요.

4. 데친 시금치는 먹기 좋게 자르고 다진 마늘 1/3큰술, 국간장 1큰술, 참기름 1큰술,
    깨 1/2큰술을 넣고 무치면 완성!

재료

시금치 1/2단(150g), 천일염(또는 꽃소금) 1/2큰술, 다진 마늘 1/3큰술,
국간장(또는 참치액) 1큰술, 참기름 1큰술, 깨 1/2큰술

TIP

• 국간장이나 참치액으로 간을 하는 대신 맛소금을 넣어도 맛있
  어요.

요리 영상

닭죽 1인분 ⏱ 20분

만드는 법

1. 냄비에 물 700ml를 붓고 닭 안심을 10분간 끓인 후, 다 익은 닭 안심은 포크나 손으로 잘게 찢어주세요.

2. 대파 1/4대는 송송 썰어주세요.

3. 닭을 끓인 육수에 찢은 닭 안심, 밥 1공기, 대파, 다진 마늘 1/2큰술, 치킨스톡 1큰술을 넣고 끓여주세요.

4. 밥이 풀어지면 달걀 1개를 넣고 잘 저어가며 익혀주세요.

5. 마무리로 참기름과 깨를 뿌리면 완성!

재료

밥 1공기, 닭 안심(또는 닭가슴살) 150~200g, 물 3.5컵(700ml), 달걀 1개(생략 가능), 대파 1/4대, 다진 마늘 1/2큰술, 치킨스톡(또는 참치액) 1큰술, 참기름 약간, 깨 약간

요리 영상

스팸김치볶음밥 1인분 ⏱ 15분

6월
6일

만드는 법

1. 신김치는 가위로 잘게 자르고, 스팸 1/2캔은 작게 깍둑 썰고, 대파 1/3대는 송송 썰어주세요.

2. 프라이팬에 식용유를 두르고 달걀프라이 1개를 먼저 만들어서 빼둔 후 대파, 스팸을 넣고 볶아주세요.

3. 스팸이 노릇해지기 시작하면 자른 김치, 물엿 1/2큰술, 고춧가루 1/2큰술, 다시다 1/3큰술을 넣고 볶아주세요.

4. 밥 1공기를 넣고 잘 섞어가며 센불로 볶아주세요.

5. 만들어둔 달걀프라이를 올리면 완성!

재료

스팸 1/2캔(100g), 신김치 1컵(150g), 밥 1공기, 대파 1/3대, 달걀 1개, 식용유 3큰술, 물엿 1/2큰술(또는 설탕 1/3큰술), 고춧가루 1/2큰술, 다시다(또는 치킨스톡) 1/3큰술

요리 영상

소불고기 1.5인분 ⏱ 20분

7월
22일

만드는 법

1. 양념장을 만들어주세요.

2. 양파 1/2개는 채 썰고 대파 1/3대는 다져주세요.

3. 불고기용 소고기는 먹기 좋게 잘라 양념장에 버무려주세요.

4. 프라이팬에 불고기, 양파, 대파를 넣고 중약불로 10분 정도 익혀주면 완성!

재료

불고기용 소고기 400g, 양파 1/2개, 대파 1/3대

* 양념장 재료

진간장 4큰술, 설탕 2큰술, 후추 약간, 참기름 1/2큰술, 다진 마늘 2/3큰술, 맛술 1큰술

요리 영상

스팸달걀부침

만드는 법

1. 스팸 1/2캔은 으깨고 대파 1/6대는 잘게 다져주세요.

2. 으깬 스팸에 달걀 1개와 다진 대파를 넣고 잘 섞어주세요.

3. 식용유를 두른 프라이팬에 **2**를 한 숟가락씩 떠서 올리고 앞뒤로 노릇노릇하게 부치면 완성!

재료
스팸 1/2캔(100g), 달걀 1개, 대파 1/6대, 식용유 3큰술

TIP

· 양파, 당근 등 자투리 채소를 넣어도 좋아요.

· 스팸은 으깨지 않고 잘게 채 썰거나 깍둑 썰어도 됩니다.

요리 영상

도토리묵사발 1인분 ⓒ 10분

미리 준비해 주세요

차가운 냉면 육수 또는 얼음

만드는 법

1. 도토리묵은 뜨거운 물에 1~2분간 데치거나 전자레인지에 1분 돌려서 데운 뒤 찬 물에 식혀주세요.

2. 신김치는 가위로 잘게 썰고 설탕 1작은술, 참기름 1/3큰술을 넣고 버무려주세요.

3. 오이, 도토리묵은 채 썰어주세요.

4. 볼에 도토리묵을 담고 냉면 육수를 부어주세요.

5. 오이, 김치, 김가루, 깨를 올리면 완성!

재료

도토리묵 1/2팩(150g), 오이 1/2개, 신김치 1줄, 설탕 1작은술, 참기름 1/3큰술, 김가루(생략 가능), 냉면 육수 1팩, 깨 약간

TIP

· 도토리묵은 데치거나 전자레인지에 데워 먹어야 더 맛있고 부드러워요.

요리 영상

돼지고기김치찜 2인분 ⏱ 1시간

만드는 법

1. 양파 1/2개와 대파 1대는 4~5cm 길이로 썰고, 통삼겹은 큼직하게 썰어주세요.

2. 냄비에 신김치를 통으로 깔고 돼지고기를 올린 후 다시 김치로 덮어주세요.

3. 액젓 1큰술, 설탕 1/2큰술, 김칫국물 200㎖, 들기름 1큰술, 고춧가루 2큰술, 물 600㎖를 붓고 된장 1/2큰술을 풀어준 뒤, 잡내가 날아가도록 뚜껑을 열고 센불로 10분간 끓여주세요.

4. 뚜껑을 덮고 약불로 30분간 끓이다가 양파, 대파를 넣고 다시 뚜껑을 덮은 후 20분 정도 더 끓이면 완성!

TIP

- 액젓은 종류 상관없이 사용 가능해요.
- 돼지고기는 삼겹살, 목살, 앞다리살 등 취향껏 쓰면 돼요.
- 묵은지라 김칫국물이 쿰쿰하면 김칫국물을 넣지 말고 간을 더 해주세요.
- 설탕은 신맛을 잡아줘요. 단맛은 입맛에 따라 가감해 주세요.

요리 영상

재료

통삼겹 500g, 신김치 1/4포기, 양파 1/2개, 대파 1대, 액젓(또는 국간장) 1큰술, 설탕 1/2큰술, 김칫국물 1컵(200㎖), 들기름 1큰술, 고춧가루 2큰술, 물(육수 또는 쌀뜨물로 대체 가능) 3컵(600㎖), 된장 1/2큰술

달걀덮밥

1인분 10분

7월 20일

만드는 법

1. 양파 1/2개는 채 썰고 대파는 송송 썰어주세요.
2. 달걀 2개는 잘 풀어주세요.
3. 프라이팬에 물 100ml, 쯔유 3큰술, 진간장 1/2큰술, 설탕 1작은술, 채 썬 양파를 넣고 1~2분간 익혀주세요.
4. 달걀물을 넣고 살짝 저어가며 몽글몽글하게 익혀주세요.
5. 밥 위에 4를 올리고 대파를 올려주면 완성!

재료

밥 1공기, 달걀 2개, 양파 1/2개, 대파 1/5개, 쯔유 3큰술(또는 참치액 2큰술), 진간장 1/2큰술, 설탕 1작은술, 물 1/2컵(100ml)

요리 영상

만두피들깨수제비 1인분 ⏱15분

만드는 법

1. 감자는 나박 썰고 양파는 채 썰어주세요.

2. 냄비에 물 750ml를 붓고 감자를 넣은 후 5분간 끓여주세요.

3. 채 썬 양파, 참치액 1큰술, 국간장 1큰술, 다진 마늘 1/2큰술을 넣고, 만두피는 먹기 좋게 손으로 뜯어서 넣어주세요.

4. 만두피가 다 익으면 들깨가루 4큰술을 넣고 불을 끈 다음 들기름 1/2큰술을 뿌리면 완성!

재료

만두피 10장, 감자 작은 것 1개, 양파 1/4개, 물 750ml, 참치액 1큰술, 국간장 1큰술, 다진 마늘 1/2큰술, 들깨가루 4큰술, 들기름 1/2큰술(생략 가능)

TIP

· 애호박, 당근, 버섯 등 넣고 싶은 채소를 추가로 넣어도 좋아요.

· 다시팩이나 멸치로 육수를 내면 더 맛있어요.

요리 영상

도토리묵무침 1인분 ⏱ 10분

7월
19일

만드는 법

1. 도토리묵은 뜨거운 물에 1~2분간 데치거나 전자레인지에 1분간 돌려서 데운 뒤 찬물에 식혀주세요.
2. 오이 1/2개는 길게 반 자른 뒤 어슷 썰고, 양파 1/4개는 채 썰고, 도토리묵도 먹기 좋게 썰어주세요.
3. 양념장을 만들어주세요.
4. 오이, 도토리묵에 양념장을 넣고 살살 버무린 뒤 깨를 뿌리면 완성!

재료

도토리묵 1/2팩(150g), 오이 1/2개, 작은 양파 1/4개, 깨 1/2큰술

* 양념장 재료

진간장 1.5큰술, 액젓(또는 국간장) 1/2큰술, 설탕 1작은술, 고춧가루 2/3큰술, 다진 마늘 1/3큰술, 참기름 1큰술

TIP

· 도토리묵은 데치거나 전자레인지에 데워 먹어야 더 맛있고 부드러워요.
· 액젓은 종류 상관없이 사용 가능해요.

요리 영상

만능땡초장 2.5인분 ⏱ 15분

6월
10일

만드는 법

1. 내장과 머리를 제거한 멸치는 마른 프라이팬에 덖거나 전자레인지에 30~40초 정도 돌려 비린내를 날린 후 잘게 다져줍니다.

2. 청양고추는 십자로 칼집을 낸 후 다져주세요. (다지기가 있으면 사용해 주세요.)

3. 프라이팬에 식용유 2큰술을 두르고 다진 마늘 1/2큰술, 청양고추를 넣고 중약불로 3분 정도 볶아주세요.

4. 물을 넣고 국간장 2큰술과 멸치액젓 2큰술을 넣고 자작하게 졸여줍니다.

5. 마무리로 참기름 1/2큰술을 살짝 두르면 완성!

TIP

· 멸치는 국물용 멸치, 중멸치, 잔멸치 모두 사용 가능해요.
· 땡초장을 일주일 만에 소진할 경우 참기름을 넣고, 오래 보관 시 수분을 거의 다 날리고 참기름을 넣지 않고 만든 후 먹기 전에 뿌려 드세요.
· 밀폐용기에 한 달 정도 보관 가능해요.

요리 영상

재료

청양고추 20개(200g), 멸치 20g(손질 후 무게), 식용유 2큰술, 다진 마늘 1/2큰술, 물 1/2~2/3컵(100~150ml), 국간장 2큰술, 멸치액젓 2큰술, 참기름 1/2큰술

새송이버섯볶음 1.5인분 ⏱10분

7월
18일

만드는 법

1. 새송이버섯은 밑동을 잘라내고 가로로 반 자른 뒤 먹기 좋게 잘라주세요.

2. 대파 1/4대는 송송 썰어주세요.

3. 프라이팬에 식용유를 두르고 대파, 다진 마늘 1/3큰술, 새송이버섯을 넣고 볶아주세요.

4. 새송이버섯의 숨이 죽으면 굴소스 1/2큰술, 소금 1꼬집을 넣고 볶아주세요.

5. 깨를 뿌리면 완성!

재료

새송이버섯 2개(180~200g), 대파 1/4대, 식용유 2큰술, 다진 마늘 1/3큰술, 굴소스 1/2큰술, 소금 1꼬집, 깨 1/3큰술

요리 영상

간장비빔국수 1인분 ⏱10분

6월
11일

만드는 법

1. 양념장을 만들어주세요.

2. 냄비에 물을 붓고 물이 끓기 시작하면 소면을 넣고 3~4분간 끓여주세요.

3. 다 익은 소면은 찬물에 면을 비벼가며 전분을 제거한 뒤 물기를 빼주세요.

4. 만들어 둔 양념장을 넣고 잘 버무려주면 완성!

재료

소면 100g(동전 500원 크기)

* 양념장 재료
진간장 3큰술, 설탕 1/3큰술, 깨 1큰술, 참기름(또는 들기름) 1큰술

TIP

• 오이, 달걀, 김 등 취향에 맞게 고명을 올려 먹으면 더 맛있어요.

요리 영상

순두부참치비빔밥 1인분 ⏱10분

7월
17일

만드는 법

1. 달걀프라이 1개를 만들어주세요.

2. 참치는 기름을 빼주세요.

3. 밥 위에 순두부를 먹기 좋게 썰어 올리고, 참치, 달걀프라이를 올려주세요.

4. 참기름 1큰술을 넣고 스리라차를 뿌리면 완성!

TIP

- 순두부를 따뜻하게 넣고 싶다면 전자레인지 용기에 담아 전자 레인지에 2분간 돌려주세요.

- 부추, 대파, 오이 등 채소를 더 추가해도 좋아요.

- 스리라차 대신 진간장, 고추장, 초고추장을 뿌려도 괜찮아요.

요리 영상

재료

밥 1공기, 달걀 1개, 순두부 1/2봉, 참치캔 1개, 참기름 1큰술, 스리라차 약간

감자조림 1.5인분 ⏱ 15분

만드는 법

1. 청양고추 1개는 어슷 썰고, 감자 2개는 껍질을 벗긴 후 4~6등분 정도로 먹기 좋게 썰어주세요.

2. 전자레인지 용기에 감자를 담고 물 2큰술을 뿌린 뒤 랩을 씌워 전자레인지에 5분 간 익혀주세요.

3. 냄비에 감자, 진간장 3큰술, 물엿 2큰술, 물 100ml, 다진 마늘 1/3큰술을 넣고 5분 정도 조려주세요.

4. 청양고추를 넣고 1분간 더 조리면 완성!

재료

감자 2개(300g), 청양고추 1개, 진간장 3큰술, 물엿 2큰술, 물 1/2컵 (100ml), 다진 마늘 1/3큰술

요리 영상

근대된장국 2인분 ⏱ 15분

만드는 법

1. 대파 1/3대는 송송 썰고, 근대는 깨끗이 씻어 먹기 좋게 썰어주세요.

2. 냄비에 물 800ml를 붓고 동전 육수 1개, 된장 2큰술을 넣고 끓여주세요.

3. 끓기 시작하면 다진 마늘 1/2큰술과 근대를 넣고 5분간 끓여주세요.

4. 대파를 넣고 한소끔 더 끓이면 완성!

재료

근대 150g, 대파 1/3대, 물 4컵(800ml), 동전 육수(또는 다시팩) 1개,
된장 2큰술, 다진 마늘 1/2큰술

TIP

· 고춧가루나 청양고추를 넣어 살짝 칼칼하게 먹어도 좋아요.

· 된장 제품에 따라 싱거울 수가 있어요. 그럴 때는 국간장이나
  액젓을 추가해 간을 해주세요.

요리 영상

땡초김밥 1인분 ⏱5분

만드는 법

1. 밥 2/3공기에 만능땡초장을 넣고 비벼주세요.

2. 김 위에 밥을 얇게 펼쳐서 올리고 말아주세요.

3. 먹기 좋게 썰어서 마요네즈와 함께 그릇에 담아주면 완성!

TIP

· 만능땡초장 레시피는 6월 10일을 참고해 주세요.

· 크게 말기 힘들다면 꼬마김밥처럼 만들어도 좋아요.

요리 영상

재료

만능땡초장 3큰술, 밥 2/3공기(150g), 김 1장, 마요네즈 약간

통마늘닭볶음탕 2.5인분 ⏱ 35분

만드는 법

1. 냄비에 식용유를 두르고 통마늘 30알을 넣고 노릇하게 구워서 빼두고, 마늘 기름에 닭고기의 겉면을 5분 정도 익혀주세요.

2. 냄비에 설탕 2큰술, 진간장 6큰술, 고추장 크게 1큰술, 고춧가루 5큰술을 넣고 1분 정도 볶다가, 다진 마늘 1큰술, 물 600ml를 넣고 중약불로 20분간 끓여주세요.

3. 그동안 대파 1/2대와 양파 1개는 큼직하게 썰어서 준비해 주세요.

4. 간이 부족할 경우 간을 추가 후(생략 가능), 양파, 대파, 통마늘, 후추를 넣고 채소가 익을 때까지 끓이면 완성!

재료

닭볶음탕용 닭 1kg, 통마늘 30알, 식용유 2큰술, 대파 1/2대, 양파 1개, 설탕 2큰술, 진간장 6큰술, 고추장 크게 1큰술, 고춧가루 5큰술, 다진 마늘 1큰술, 물 3컵(600ml), 후추 약간

TIP

· 다시다, 치킨스톡, 참치액 등을 추가해도 좋아요.

· 싱거울 경우 진간장을 넣어주세요.

· 좀 더 달게 먹고 싶다면 물엿, 올리고당, 설탕 등을 추가해 주세요.

요리 영상

만두피추로스 1인분 ⏱ 10분

만드는 법

1. 설탕 1큰술과 계핏가루 1/3큰술을 잘 섞어주세요.

2. 프라이팬에 식용유를 두르고 만두피를 앞뒤로 바삭하게 튀겨주세요.

3. 튀긴 만두피에 1을 골고루 묻혀주면 완성!

재료

만두피 5장, 설탕 1큰술, 계핏가루 1/3큰술, 식용유 3큰술

요리 영상

토마토살사&나초 1인분 ⏱ 10분

7월
14일

만드는 법

1. 토마토 1개와 양파 1/4개는 잘게 깍둑 썰고, 청양고추 1개와 고수는 잘게 썰어주세요.

2. 믹싱볼에 토마토, 양파, 청양고추, 고수를 넣고 레몬즙 4큰술, 소금 2꼬집, 후추 약간, 설탕 1/3큰술을 넣고 잘 섞어주세요.

3. 접시에 나초와 토마토살사를 함께 올려주면 완성!

재료

토마토 1개, 양파 1/4개, 청양고추 1개(생략 가능), 고수 약간(생략 가능), 레몬즙 4큰술, 소금 2꼬집, 후추 약간, 설탕 1/3큰술, 나초

TIP

• 토마토살사는 차갑게 먹으면 더 맛있어요.

요리 영상

매운갈비찜 2인분 ⏱ 50분

만드는 법

1. 양파 1/2개는 최대한 잘게 다지고 대파 1/2대와 청양고추 2개는 큼직하게 썰어주세요.

2. 돼지갈비는 끓는 물에 넣고 5분 정도 데친 뒤 깨끗이 씻어주세요.

3. 양념장을 만들어주세요.

4. 냄비에 데친 돼지갈비, 다진 양파, 양념장을 넣고 센불로 5분간 끓이다가 중약불로 불을 줄이고 30분 더 끓여주세요.

5. 마지막으로 청양고추, 대파, 물엿 1큰술, 후추를 넣고 5분 정도 더 끓이면 완성!

재료

갈비찜용 돼지갈비 500g, 양파 1/2개, 대파 1/2대, 청양고추 2개, 물엿 1큰술, 후추 약간

* 양념장 재료

맛술 2큰술, 설탕 1.5큰술, 진간장 6큰술, 다진 마늘 크게 1큰술, 고춧가루 3큰술, 물 3컵(600ml)

TIP

- 신선한 돼지고기는 데쳐 먹어도 괜찮아요.
- 냉동 고기라서 핏물을 빼고 싶다면 찬물에 설탕 1큰술을 넣고 30분 정도 담갔다 빼도 좋아요. (설탕을 넣으면 핏물이 더 빨리 빠져요.)

요리 영상

버터갈릭새우덮밥 1인분 ⓒ15분

만드는 법

1. 냉동 새우는 찬물에 해동한 뒤 키친타월로 물기를 제거해 주세요.

2. 프라이팬에 식용유를 두르고 약불로 다진 마늘 3큰술을 볶다가 살짝 노릇해지기 시작하면 새우, 버터를 넣고 볶아주세요.

3. 새우가 거의 다 익으면 액젓 1/2큰술을 넣고 새우가 다 익을 때까지 볶아주세요.

4. 마지막에 레몬즙 1큰술을 넣고 후추를 약간 뿌리고 30초 정도만 더 볶아주세요.

5. 밥 위에 버터갈릭새우를 올리면 완성!

TIP

- 액젓은 피시소스, 참치액, 멸치액젓, 까나리액젓 등 모두 가능해요.
- 올리고당 1/2큰술 정도 추가하면 달짝지근해져요.
- 통마늘을 굵게 다져서 넣으면 더 맛있어요.
- 핫소스를 뿌려 먹어도 맛있어요.

재료

냉동 새우 큰 것 7~8마리(150~200g), 밥 1공기, 식용유 2큰술, 무염 버터 2조각(20g), 다진 마늘 3큰술, 액젓 1/2큰술, 레몬즙 1큰술, 후추 약간

요리 영상

오이탕탕이 1인분 ⏱ 5분

만드는 법

1. 오이 1개를 깨끗이 씻어서 양 끝을 잘라주세요.

2. 지퍼백이나 위생백에 넣고 칼 끝부분이나 칼등으로 오이를 탕탕 쳐서 깨주세요.

3. 오이에 소금 1작은술, 양조간장 1큰술, 참기름 1큰술, 깨 1큰술을 넣고 조물조물 버무리면 완성!

재료

오이 1개, 소금 1작은술, 양조간장(또는 진간장) 1큰술, 참기름 1큰술, 깨 1큰술

TIP

• 냉장고에 두고 차갑게 먹으면 더 맛있어요.

요리 영상

애호박볶음 1인분 ⏱10분

7월
12일

요리 영상

만드는 법

1. 양파 1/4개는 채 썰고 애호박 1/3개는 반달썰기 해주세요.

2. 프라이팬에 식용유를 두르고 다진 마늘 1/3큰술, 애호박, 양파를 넣고 볶아주세요.

3. 양파가 투명하게 익으면 참치액 2/3큰술을 넣고 볶아주세요.

4. 마지막에 깨 1/3큰술을 뿌리면 완성!

재료

애호박 1/3개, 양파 1/4개, 식용유 2큰술, 다진 마늘 1/3큰술, 참치액 2/3큰술, 깨 1/3큰술

훈제오리배추찜 1인분 ⏲ 10분

만드는 법

1. 알배추 1/4통을 큼직하게 썰어서 씻어주세요.

2. 냄비에 알배추를 깔고 훈제오리를 올린 후 물 3큰술을 넣고 후추를 뿌려주세요.

3. 뚜껑을 덮고 중약불로 7분간 익혀주세요.

4. 그동안 양파 1/4개를 채 썰고 청양고추 1개를 잘게 썰어 찍어 먹는 소스를 만들어 주세요.

5. 배추와 훈제오리가 다 익으면 완성!

재료

훈제오리 1팩(150g), 알배추 1/4통, 물 3큰술, 후추 약간

* 찍어 먹는 소스 재료

양조간장(또는 진간장) 2큰술, 식초 2큰술, 설탕 1큰술, 물 1큰술, 양파 1/4개, 청양고추 1개

TIP

· 버섯, 숙주, 청경채 등 다른 채소를 추가해도 좋아요.

· 소스 만들기 귀찮을 때는 참소스+식초 또는 참소스+연겨자 조합을 추천해요.

요리 영상

꽈리고추찜

2인분 ⏱ 10분

만드는 법

1. 꽈리고추는 꼭지를 제거하고 깨끗이 씻어주세요.
2. 물기가 있는 상태로 밀가루 2큰술을 넣고 골고루 묻혀주세요.
3. 전자레인지 용기에 꽈리고추를 넣고 물을 톡톡 살짝 뿌려준 뒤 랩을 씌우고 구멍을 뚫어서 3~4분간 쪄주세요.
4. 그동안 양념장을 만들어주세요.
5. 꽈리고추에 양념장을 넣고 살살 버무린 다음 깨를 뿌리면 완성!

재료

꽈리고추 20개(150g), 밀가루(또는 쌀가루) 2큰술, 깨 1/3큰술

* 양념장 재료

고춧가루 1큰술, 진간장 1큰술, 국간장(또는 액젓) 1큰술, 설탕 2/3작은술, 다진 대파 1큰술, 다진 마늘 1/3큰술, 참기름 1큰술

TIP

· 꽈리고추와 밀가루를 위생백에 넣고 흔들면 꽈리고추에 밀가루를 묻히기 더 편해요.

요리 영상

오이냉국 1.5인분 ⓘ 10분

6월
18일

만드는 법

1. 오이는 깨끗이 씻어 먼저 어슷 썬 뒤 채 썰어주고, 청양고추 1개와 홍고추 1개도 잘게 썰어주세요.
2. 그릇에 오이를 담고, 천일염 2/3큰술, 국간장 1큰술, 식초 4큰술, 설탕 1.5큰술, 다진 마늘 1/2큰술을 넣고 살짝 섞어주세요.
3. 물 500ml를 붓고, 소금과 설탕이 완전히 녹을 때까지 저어줍니다.
4. 청양고추, 홍고추, 깨를 넣은 후, 먹기 직전에 얼음을 넣어주면 완성!

재료

오이 1개, 청양고추 1개, 홍고추 1개, 천일염(또는 꽃소금) 2/3큰술, 국간장 1큰술, 식초 4큰술, 설탕 1.5큰술, 다진 마늘 1/2큰술, 물 2.5컵 (500ml), 깨 약간, 얼음 약간

TIP

· 매운 게 싫다면 청양고추는 생략해도 됩니다.
· 채 썬 양파를 넣어도 맛있습니다.

요리 영상

토마토차돌박이샐러드 1인분 ⏱15분

만드는 법

1. 드레싱을 만들어주세요.

2. 토마토 1개는 얇게 썰어주고 양파 1/4개는 채 썰어 접시에 담아주세요.

3. 차돌박이에 소금을 살짝 뿌려 구워주세요.

4. 구운 차돌박이를 토마토 위에 올리고 드레싱을 뿌리면 완성!

재료

차돌박이 150g, 토마토 1개, 양파 1/4개, 소금 약간

* 드레싱 재료

올리브유 2큰술, 식초(또는 레몬즙) 1큰술, 양조간장(또는 진간장) 2큰술, 설탕 1큰술, 다진 마늘 1/3큰술

TIP

• 단맛, 신맛은 입맛에 맞게 가감하세요.

요리 영상

배추생채비빔밥 1인분 ⓘ 10분

만드는 법

1. 알배추 1/4통을 깨끗이 씻어서 채 썰어주세요.

2. 채 썬 알배추에 다진 마늘 1/3큰술, 액젓 1.5큰술, 고춧가루 1큰술, 설탕 1작은술, 깨 1/2큰술을 넣고 잘 버무려주세요.

3. 달걀프라이를 하나 만들어주세요.

4. 밥 위에 배추생채와 달걀프라이를 올리고 참기름 1큰술을 뿌리면 완성!

재료

밥 1공기, 알배추 1/4통(150g), 달걀 1개, 다진 마늘 1/3큰술, 액젓(까나리액젓, 멸치액젓 등) 1.5큰술, 고춧가루 1큰술, 설탕 1작은술, 깨 1/2큰술, 참기름 1큰술

TIP

· 배추생채는 겉절이처럼 반찬으로 먹어도 좋아요.

요리 영상

고추짜장밥 1인분 ⏱ 15분

만드는 법

1. 돼지고기와 양파는 깍둑 썰고 청양고추는 송송 썰어주세요.

2. 웍에 식용유 3큰술을 두르고 돼지고기, 춘장 1큰술, 다진 마늘 1/2큰술, 다진 생강 1/3큰술을 넣고 돼지고기가 익을 때까지 볶아주세요.

3. 돼지고기가 다 익으면 양파를 넣고 볶다가 진간장 1큰술도 가장자리에 넣고 간장이 끓기 시작하면 양파가 살짝 익을 때까지만 볶아주세요.

4. 청양고추, 설탕 1/3큰술, 굴소스 1큰술을 넣고 1~2분만 센불에 볶아주세요.

5. 달걀프라이를 만들어 밥과 고추짜장 위에 올려주면 완성!

TIP

· 청양고추는 입맛에 따라 가감해주세요. 청양고추를 생략하면 간짜장입니다.

· 돼지고기 부위는 삼겹살, 앞다리살, 등심 등 다 좋아요.

· 밥 대신 면으로 먹어도 맛있어요.

· 미원을 넣으면 파는 맛에 조금 더 가까워요.

요리 영상

재료

밥 1공기, 달걀 1개, 돼지고기 100~150g, 양파 큰 것 1개(또는 작은 것 2개), 청양고추 3개, 식용유 3큰술, 춘장 1큰술, 다진 마늘 1/2큰술, 다진 생강 1/3큰술(생략 가능), 진간장 1큰술, 설탕 1/3큰술, 굴소스 1큰술

참외샐러드 1.5인분 ⏱ 10분

만드는 법

1. 참외는 깨끗이 씻어 필러로 껍질을 제거해 주세요. (껍질을 살리고 싶다면 베이킹소다나 과일 세정제 등으로 더 깨끗이 세척해 주세요.)

2. 참외 반을 자르고 속을 파내주세요.

3. 파낸 속은 체에 즙만 걸러주세요.

4. 참외즙에 드레싱을 만들어 넣고 잘 섞어주세요.

5. 참외를 얇게 썰어 접시에 담고 드레싱을 뿌린 후 레드페퍼를 올려주면 완성!

재료

참외 1개, 레드페퍼(생략 가능)

* 드레싱 재료

올리브유 2큰술, 레몬즙(또는 식초) 1큰술, 소금 1꼬집

TIP

· 참외가 달지 않을 경우 설탕이나 올리고당을 입맛에 맞게 추가해서 드레싱을 만들어주세요.

· 차갑게 먹으면 더 맛있습니다.

요리 영상

돼지고기애호박찌개 2인분 ⏱ 30분

만드는 법

1. 애호박 2/3개, 양파 1/2개, 앞다리살을 큼직하게 썰어 준비합니다.

2. 냄비에 식용유를 두르고 앞다리살을 볶아줍니다.

3. 고기의 겉면이 하얗게 익으면 고춧가루 2.5큰술, 진간장 1큰술을 넣고 타지 않게 약불로 1~2분 볶아줍니다.

4. 물 700ml를 붓고 국간장 2큰술, 다진 마늘 2/3큰술을 넣고 중약불로 15분 이상 끓여주세요.

5. 애호박, 양파, 새우젓 1/2큰술을 넣고 5분 정도 더 끓이면 완성!

재료

돼지고기 앞다리살 350g, 애호박 2/3개, 양파 1/2개, 식용유 2큰술, 고춧가루 2.5큰술, 진간장 1큰술, 물 3.5컵(700ml), 국간장 2큰술, 다진 마늘 2/3큰술, 새우젓(다시다 또는 참치액으로 대체 가능) 1/2큰술

요리 영상

참외청 ⏱ 30분

미리 준비해 주세요

열탕 소독한 유리 병 1개

* 열탕 소독하는 법: 냄비에 찬물을 받고 유리병의 입구가 바닥을 향하게 세워서 중약 불로 5분간 끓인 뒤 다시 똑바로 세워 물기를 모두 말려주세요.

만드는 법

1. 참외를 세척한 후 반으로 자르고, 씨 부분은 빼서 체에 걸러 즙을 내고, 과육은 잘게 잘라주세요.

2. 믹싱볼에 참외와 설탕을 1:1 비율로 넣고, 걸러둔 참외즙과 레몬즙을 추가한 후 잘 섞어주세요.

3. 실온에 두고 중간중간 저으며 설탕이 다 녹으면 유리병에 넣어 냉장 보관하면 완성!

TIP

- 냉장 숙성 1~2일 정도 후에 먹으면 맛있어요.
- 참외청은 참외에이드, 참외하이볼 등으로 먹는 걸 추천해요.
- 냉장 보관 시 뚜껑이 아래로 가게 거꾸로 뒤집어 보관하면 조금 더 오래가요.

요리 영상

재료

참외 1개(300g), 설탕 300g, 레몬즙 1큰술(생략 가능)

차지키샌드위치 1인분 ⏱15분

만드는 법

1. 오이는 깨끗이 씻어 채칼이나 칼로 얇게 어슷 썰고 소금 1작은술을 넣은 후 10분간 절여주세요.

2. 딜은 잘게 다져주세요.

3. 절인 오이는 물기를 짜주세요.

4. 믹싱볼에 절인 오이, 그릭요거트 100g, 다진 마늘 1작은술, 레몬즙 1큰술, 올리브유 3큰술, 딜을 넣고 잘 섞어주세요.

5. 식빵 위에 소스를 올려주면 완성!

재료

식빵 1개, 오이 1개, 그릭요거트 100g, 소금 1작은술, 다진 마늘 1작은술, 레몬즙 1큰술, 딜 5g, 올리브유 3큰술

TIP

· 차지키소스는 채소 스틱을 찍어 먹어도 맛있습니다.

· 딜은 마트에 소량으로 팔아요. 다른 허브 종류를 넣어도 좋아요.

요리 영상

청국장 2인분 ⏱15분

만드는 법

1. 김치는 잘게 썰고 양파 1/4개와 두부 1/2모는 깍둑 썰고 대파 1/2대도 먹기 좋게 썰어주세요.

2. 물 500ml에 동전 육수 1개와 김치를 넣고 5분간 끓여줍니다.

3. 청국장을 넣고 잘 풀어주세요.

4. 청국장이 풀어지면 양파, 두부, 대파, 다진 마늘 1작은술, 고춧가루 1작은술을 넣고 한소끔 끓여주면 완성!

TIP

- 청국장은 제품마다 염도가 달라서 싱거울 경우 국간장, 액젓, 된장 등으로 입맛에 맞게 간해 주세요.

- 청국장은 오래 끓이지 않아요. 넣은 후 5분 정도만 끓여주면 됩니다.

요리 영상

재료

청국장 160g, 물(또는 쌀뜨물) 2.5컵(500ml), 익은 김치 2/3컵(100g), 양파 1/4개, 두부 1/2모, 대파 1/2대, 다진 마늘 1작은술, 동전 육수 1개, 고춧가루 1작은술

참치마요덮밥 1인분 ⏱15분

만드는 법

1. 양파 1/4개는 채 썰고, 쪽파 3줄은 송송 썰고, 달걀 2개에 소금 1꼬집을 넣고 잘 풀어주세요.

2. 달걀은 스크램블드에그를 만들어서 빼두고 양파를 볶아주세요.

3. 양파가 반 정도 익으면 물 2큰술, 진간장 2큰술, 물엿 1큰술을 넣고 졸여주세요.

4. 참치에 마요네즈 2큰술과 후추를 약간 넣고 참치마요를 만들어주세요.

5. 밥 위에 스크램블드에그, 양파볶음, 참치마요를 올리고 쪽파를 올려주면 완성!

재료

밥 1공기, 참치캔 1개, 달걀 2개, 양파 1/4개, 소금 1꼬집, 물 2큰술, 진간장 2큰술, 물엿(또는 올리고당) 1큰술, 마요네즈 2큰술, 후추 약간, 쪽파(대파로 대체 또는 생략 가능) 3줄

요리 영상

고추장삼겹살 2인분 ⏱ 20분

6월
23일

만드는 법

1. 양념장을 만들어주세요.

2. 삼겹살에 칼집을 내고 프라이팬에 살짝 노릇하게 구워주세요.

3. 만들어 둔 양념을 앞뒤로 발라가며 약불로 구워주면 완성!

재료

삼겹살 500g

* 양념장 재료
고추장 3큰술, 고춧가루 1큰술, 설탕 1큰술, 물엿(또는 올리고당) 1큰술,
케첩 1큰술, 맛술 3큰술, 진간장 1큰술, 물 2큰술, 다진 마늘 1큰술, 후
추 약간

요리 영상

유린기 1인분 ⏱ 20분

만드는 법

1. 양상추 1/4개는 먹기 좋게 손으로 뜯은 뒤 깨끗이 씻고 청양고추 1개와 홍고추 1개는 송송 썰어주세요.

2. 소스를 만든 후 청양고추, 홍고추와 섞어주세요.

3. 닭다리살에 소금, 후추로 간을 한 뒤 감자전분 2큰술을 골고루 묻혀주세요.

4. 식용유를 넉넉히 두른 프라이팬에 닭다리살을 노릇하게 익힌 뒤 칼로 먹기 좋게 잘라주세요.

5. 접시에 양상추를 깔고 닭다리살을 올린 후 소스를 뿌리면 완성!

재료

닭다리살 150g, 양상추 1/4개, 청양고추 1개, 홍고추 1개(생략 가능), 소금 3꼬집, 후추 약간, 감자전분 2큰술, 식용유 6큰술

* 소스 재료

물 4큰술, 설탕 2큰술, 식초 3큰술, 진간장(또는 양조간장) 3큰술, 다진 마늘 1작은술

요리 영상

상추겉절이 1.5인분 ⓒ 5분

만드는 법

1. 양파는 채 썰고 상추는 깨끗하게 씻어 먹기 좋게 손으로 찢어주세요.

2. 양념장을 만들어주세요.

3. 믹싱볼에 상추, 양파, 양념장을 넣고 살살 버무리면 완성!

재료

상추 10장, 양파 1/4개

* 양념장 재료

다진 마늘 1/3큰술, 고춧가루 1큰술, 양조간장(또는 진간장) 1큰술, 참기름 1큰술, 깨 1큰술

TIP

· 상추겉절이는 비빔밥으로 먹어도 맛있어요.

요리 영상

가지무침 2인분 ⏱ 10분

7월
4일

만드는 법

1. 가지 2개는 깨끗이 씻어 반으로 자른 뒤 전자레인지 용기에 넣고 랩을 씌워 5분간 익혀주세요.
2. 양념장을 만들어주세요.
3. 익힌 가지는 먹기 좋게 찢은 뒤 물기를 가볍게 짜주세요.
4. 가지에 양념장을 넣고 버무리면 완성!

재료

가지 2개

* 양념장 재료

국간장 1큰술, 진간장 1/2큰술, 다진 마늘 1/2큰술, 고춧가루 1큰술, 참기름(또는 들기름) 1큰술, 다진 대파 1큰술, 깨 1/2큰술

요리 영상

두부브로콜리무침 1.5인분 ⏱ 10분

6월
25일

미리 준비해 주세요

브로콜리는 먹기 좋게 잘라서 식초 1큰술을 넣은 물에 5분간 담가 세척해 주세요.

만드는 법

1. 두부 1/2모는 전자레인지 용기에 넣고 전자레인지에 3분간 돌려 간수를 빼서 으깨 주세요.

2. 끓는 물에 소금 1/2큰술을 넣고 브로콜리를 30초간 데쳐서 건져낸 뒤 찬물에 식히 고 물기를 빼주세요.

3. 으깬 두부에 데친 브로콜리를 넣고 참치액 1큰술, 다진 마늘 1작은술, 참기름 1큰 술, 깨 1큰술을 넣고 잘 버무리면 완성!

재료

두부 1/2모, 브로콜리 1/2개, 식초 1큰술, 소금 1/2큰술, 참치액 1큰술,
다진 마늘 1작은술, 참기름(또는 들기름) 1큰술, 깨 1큰술

요리 영상

명란오이마요 1.5인분 ⏱ 15분

7월
3일

만드는 법

1. 오이 1개를 깨끗이 씻어서 먹기 좋게 썰어주세요.

2. 마요네즈와 고추냉이를 섞어 고추냉이마요소스를 만들어주세요.

3. 프라이팬에 식용유를 두르고 약불로 명란을 굽다가 겉면이 익으면 버터를 넣고 굴려가며 익혀주세요.

4. 다 익은 명란은 먹기 좋게 썰고, 접시에 오이, 고추냉이마요소스와 함께 담으면 완성!

재료

오이 1개, 저염 명란 2쪽, 무염버터 1조각(10g), 마요네즈 2큰술, 고추냉이 1/2큰술(생략 가능), 식용유 2큰술

TIP

· 명란의 익힘 정도는 취향에 맞게 조절해 주세요.

요리 영상

비빔국수 1인분 ⏱ 10분

6월
26일

만드는 법

1. 양념장을 만들어주세요.
2. 냄비에 물을 붓고 물이 끓기 시작하면 소면을 넣고 3~4분간 끓여주세요.
3. 다 익은 소면은 찬물에 면을 비벼가며 전분을 제거한 뒤 물기를 빼주세요.
4. 만들어 둔 양념장을 넣고 잘 버무려주면 완성!

재료

소면 100g(동전 500원 크기)

* 양념장 재료

고추장 1큰술, 고춧가루 1/2큰술, 설탕 1큰술, 식초 1큰술, 다진 마늘
1/2큰술, 양조간장(또는 진간장) 1큰술, 참기름 1큰술, 물 3큰술

TIP

• 오이, 상추, 달걀 등 취향에 맞게 고명을 올려 먹으면 맛있어요.

요리 영상

닭고기가지볶음 1.5인분 ⓒ 20분

7월
2일

만드는 법

1. 가지 1개는 큼직하게 썰고 감자전분을 골고루 묻혀서 식용유를 두른 프라이팬에 노릇하게 튀겨서 건져주세요. (가지는 겉면만 노릇하면 다 익은 거예요.)

2. 닭고기는 한입 크기로 자르고 소금, 후추로 밑간한 뒤 전분을 묻혀서 6분 정도 노릇하게 튀겨서 건져주세요.

3. 소스를 만들어주세요.

4. 프라이팬에 양념장을 붓고 살짝 졸이다가 튀긴 가지와 닭고기를 넣고 센불로 볶아주면 완성!

재료

닭다리살 200g, 가지 1개, 감자전분 4큰술, 식용유 6~8큰술, 소금 2꼬집, 후추 약간

* 소스 재료

진간장 3큰술, 식초 3큰술, 설탕 3큰술, 물 2큰술

TIP

· 단맛, 신맛은 입맛에 맞게 조절해 주세요.

· 소스에 다진 생강을 살짝 넣어도 좋아요.

요리 영상

삼겹살김밥 1인분 ⏱ 15분

6월
27일

만드는 법

1. 상추는 깨끗이 씻어서 준비하고, 고추는 깨끗이 씻어 반으로 잘라주세요.

2. 프라이팬에 삼겹살과 김치를 구워주세요.

3. 밥에 참기름 1큰술, 소금 1꼬집을 넣고 잘 섞어주세요.

4. 김 위에 밥, 삼겹살, 상추, 김치, 고추, 쌈장을 올리고 단단하게 말아 먹기 좋게 썰어 주세요.

5. 참기름을 살짝 바르고 깨를 뿌려주면 완성!

재료

삼겹살 1줄, 상추 2장, 고추(청양고추, 오이고추, 풋고추 등) 1개, 김치 2장, 김 1장, 밥 2/3공기(150g), 소금 1꼬집, 쌈장 1/2큰술, 참기름 1큰술, 깨 약간

요리 영상

명란순두부탕 1.5인분 ⏱ 10분

만드는 법

1. 대파, 청양고추, 홍고추는 송송 썰어주세요.
2. 냄비에 순두부, 동전 육수, 물 350ml를 넣어주세요.
3. 명란은 한입 크기로 잘라주세요.
4. 물이 끓으면 명란, 다진 마늘 1/2큰술을 넣어주세요.
5. 청양고추 1개, 홍고추 1개, 대파, 후추를 넣고 한소끔 끓이면 완성!

재료

순두부 1봉, 저염 명란 2쪽(약 90g), 대파 약간, 청양고추 1개(생략 가능), 홍고추 1개(생략 가능), 동전 육수 1개, 물 350ml, 다진 마늘 1/2큰술, 후추 약간

TIP

- 명란젓 염도에 따라 명란 양은 가감해주세요.
- 심거울 경우 액젓이나 명란을 추가해주세요.
- 달걀을 넣어도 맛있어요.

요리 영상

브로콜리치즈구이 <small>1인분 ⏱ 20분</small>

미리 준비해 주세요

찬물에 식초 1큰술을 넣고 브로콜리 1/2개를 5분간 담가 세척해 주세요.

만드는 법

1. 냄비에 브로콜리가 잠길 만큼 물을 붓고 소금 1큰술을 넣은 후 물이 끓으면 브로콜리를 넣고 30초간 데쳐주세요.

2. 데친 브로콜리는 찬물에 식혀 물기를 제거해 주세요.

3. 프라이팬에 모짜렐라치즈를 얇게 펼치고 그 위에 브로콜리를 올린 뒤 컵 등으로 브로콜리를 납작하게 눌러주세요.

4. 불을 켜고 모짜렐라치즈가 녹아서 테두리가 노릇해지면 불을 끄고 잘 떨어지도록 5분 정도 잠시 식혀주세요.

5. 뒤집어서 다른 한쪽도 노릇하게 구워주면 완성!

TIP

- 에어프라이어나 오븐에 180도로 10분간 구워줘도 좋아요.
- 핫소스나 케첩에 찍어 먹어도 맛있어요.

요리 영상

재료

브로콜리 1/2개, 식초 1큰술, 모짜렐라치즈 3줌, 소금 약간

7월

7월의 제철 재료

가지
부드러운 식감에 반찬으로 많이 먹는 가지는 수분이 많고 식이섬유가 풍부해 다이어트에 도움이 되고 안토시아닌을 함유하고 있어 노화방지에도 도움이 됩니다. 색이 선명하고 윤기가 나고 모양이 바른 것을 골라야 해요. 구이, 볶음, 무침, 튀김, 전 등으로 활용할 수 있어요.

토마토
상큼하고 달콤한 토마토는 세계 10대 슈퍼푸드로 선정될 만큼 영양소가 풍부한 채소입니다. 매끄럽고 균일한 빨간색을 띠고 꼭지가 싱싱한 것을 골라야 해요. 토마토는 그냥 먹어도 맛있지만, 샐러드, 주스, 수프, 스파게티 등에 활용할 수 있어요.

치즈밥 1인분 ⏱ 15분

6월
29일

요리 영상

미리 준비해 주세요

전자레인지에 3분 익힌 초당옥수수를 세워서 칼로 알맹이만 잘라주세요.

만드는 법

1. 스팸 1/2캔과 양파 1/4개는 작게 깍둑 썰어주세요.

2. 냄비나 뚝배기에 식용유 2큰술을 두르고 스팸과 양파를 볶다가 밥 1공기를 넣고 고추장 1큰술, 케첩 2큰술, 설탕 1/3큰술을 넣고 잘 섞어주세요.

3. 2 위에 초당옥수수와 모짜렐라치즈를 올려서 뚜껑을 덮고 약불로 치즈가 녹을 때까지 익혀주면 완성!

재료

초당옥수수(또는 옥수수캔) 4큰술, 밥 1공기, 스팸 1/2캔(100g), 양파 1/4개, 식용유 2큰술, 고추장 1큰술, 케첩 2큰술, 설탕 1/3큰술, 모짜렐라치즈 3줌

초당옥수수버터구이 1인분 ⏱ 10분

6월
30일

만드는 법

1. 초당옥수수는 전자레인지에 3분간 익혀주세요.

2. 프라이팬에 버터 2조각, 소금 1/2작은술을 넣고 옥수수를 노릇하게 구워주세요.

3. 파마산치즈 가루를 뿌리면 완성!

재료

초당옥수수 1개, 무염버터 2조각(20g), 소금 1/2작은술, 파마산치즈가루 취향껏(생략 가능)

TIP

• 초당옥수수가 달아서 단맛을 넣지 않아도 괜찮아요. 단맛을 추가하고 싶으면 올리고당이나 설탕을 넣어주세요.

요리 영상

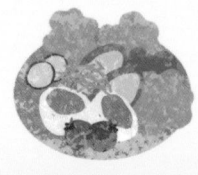

"하루 한 장씩 누구나 쉽게 따라 만들 수 있다!"

오늘의 메뉴를 추천합니다
'오메추'가 자신 있게 추천하는 맛있고 든든한 집밥 한 끼

누적 1억 뷰
8만 구독자
'오메추'의 요리
노하우 대공개

밑반찬부터
한 그릇 요리까지,
밥도둑 레시피
365개와
QR코드 수록

모든 요리 과정이
5단계 이하의
초간단 레시피로
구성

값 25,000원
ISBN 979-11-6827-242-2 10590